NARROW REGULER

NARROW OPEN

NAVY ROUND

NAVY WIDE

WORK REGULER

STAND

WORK REGULER

WORK REGULER

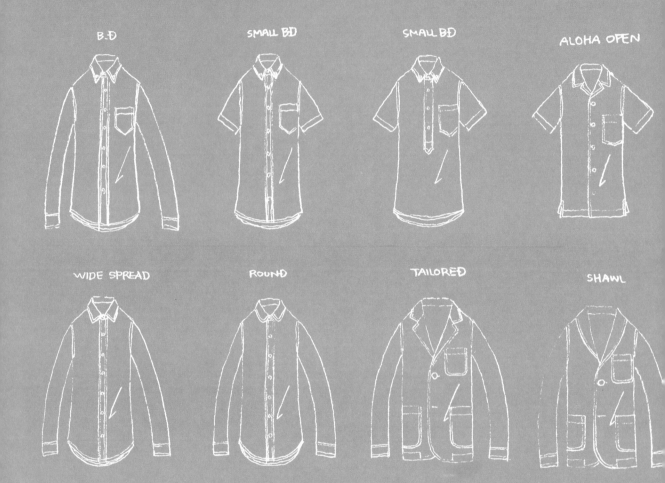

NARROW REGULER

NARROW OPEN

NAVY ROUND

NAVY WIDE

WORK REGULER

STAND

WORK REGULER

WORK REGULER

量身訂作・有型有款的

男子襯衫
SHIRT

SUNDAY AND SONS

杉本善英

從東京搬來葉山，已經十個年頭了。

一直心神嚮往著ON與OFF間的明快生活，及洋溢著美式文化風味的湘南地區。身為一名企業設計師，在經常持續創作大量商品的另一方面，內心也萌生了一個疑問，什麼才是能受大眾長久喜愛的基本款呢？為了尋求這個答案，正是我搬遷至此的理由。

透過生活方式的改變，才明白何謂便利的基本單品。唯有個人的所有衣物經過接二連三的整理，藉由親身的體驗，才能獲得全新的價值感。歷經這樣的十年，仍毫不遜色的衣服，也就是這次書中所介紹的襯衫樣本。

現代的男性流行襯衫，可歸納為四大範疇。

以職業競賽或橄欖球等的運動服飾為起源的運動襯衫；對男性而言，代表非常重要的商業場合（工作時間）時的正式襯衫；專為像第二次世界大戰的戰爭而開發出來的軍裝襯衫；及為了開拓者等，以勞動身體為主的工裝襯衫。

這四大範疇與美國歷史有著密不可分的關係。

原本西服文化的發祥地為歐洲，但是在1800年代，歐洲人卻遠渡重洋來到了美國。於是，在20世紀的變遷之中，衍生而出的服裝則以制服之姿，逐漸出現各種樣式。1950年代以後，曾是制服般的服裝，則一點一點地吸收了年輕人的文化，逐漸形成現代的流行襯衫。

一邊心懷這樣的歷史，一邊將四大範疇的代表襯衫化為作品。

將素材選用、附屬配件或細節設計等不變的設計謹記在心，由衷期盼能藉由作品努力傳達，那些超越了時代的基本款能長久深受喜愛的理由。

杉本善英

CONTENTS

SPORT

DRESS

MILITARY

WORK

SPORT

從職業競賽、橄欖球、高爾夫、滑雪或衝浪等的運動場合中誕生的西服，都歸類於這個範疇裡。作為代表性的襯衫，則以牛津布為素材的鈕釦領襯衫為例。1896年，Brooks Brothers服裝店的老闆John Brooks在英國觀賞職業競賽時，看到選手的衣領隨風飄揚，而開始有了這個構思。之後，受到了美國東部常春藤盟校的愛用，成為留存至今的傑作。另外，還有一則有趣的逸事，傳聞藝術家Andy Warhol於成名時，曾經在Brooks Brothers服裝店訂購了100件白色鈕釦領襯衫，由此可知此款襯衫深受美國人喜愛，並日益茁壯。

BUTTON DOWN **A**

我個人推薦最便利好搭的襯衫，就是白色素面的牛津
鈕釦襯衫。只要加以整燙，繫上領帶，即可於工作場
合穿著；經洗久褪色後，穿時解開第一顆鈕釦，又可
成為休閒場合時穿著的萬用襯衫，是其長久以來備受
喜愛的理由。另外，衣長可視穿著情況，選擇紮或不
紮入長褲內，設定為兩種情況皆可對應的長度。

how to make page 61

我所推薦的白色素面牛津鈕釦襯衫為夏用短袖版。衣領會比BUTTON DOWN A再稍微小一些，衣長屬於較短版。是為了能經常於休閒場合中穿著，而設計的款式。後背剪接下的小環稱為後領掛耳，是為了提供當時的美國學生更換衣服時，方便吊掛襯衫的貼心小細節。

how to make page 62

SMALL BUTTON DOWN C

希望能在休假日時等休閒場合中穿著的半開襟襯衫，最主要的特點就是套頭式設計，連穿著時的動作，都讓人感覺悠哉。由於領型為鈕釦領，因此相當富有常春藤風格的氣息。建議搭配牛仔褲或短褲，營造您閒放鬆的風格路線。

how to make page 63

ALOHA OPEN　D

發祥於夏威夷的夏威夷襯衫，自1930年代中期起成為度假勝地後孕育而生，並與
衝浪文化的熱潮，一同在全世界蔓延開來。據聞夏威夷襯衫的起源，是從日本移
民者帶到夏威夷的和服所衍生而來。鈕釦方面特別講究，只要選用以椰子樹木或
椰子殼為原料的配件，即可營造當地氛圍。

how to make page 65

DRESS

在對男性而言非常重要的西裝當中，所代表的商業場合穿著
的西服皆歸類於此一範疇。正式襯衫，在日本有時會被稱為Y
SHIRT，但另有一傳聞是19世紀末期，來到日本的西方人士發
表的WHITE SHIRT，聽起來像Y SHIRT，因此從此以後，就
漸漸的習慣稱之為Y SHIRT（襯衫之意）。

另外，我們統一稱呼穿著襯衫工作的上班族，有時會稱為白領
階級（white-collar），但這裡並非顏色的意思，而是指衣領的
collar之意。專指非靠勞力出汗，而是運用頭腦智慧工作的人，
他們的衣領不被汗水沾污，總能維持潔白乾淨，故被稱為白
領。相反詞則是統稱使用身體勞力從事勞動的人們，稱為藍領
階級（blue-collar）。

WIDE SPREAD E

正式襯衫是以英國款式為範本。展開領是指左
右領尖的展開角度在100°至120°左右的領型襯
衫。英國溫莎公爵曾經穿過此種襯衫,所以也被
稱為溫莎領。是與最近的合身剪裁外套的領口線
非常搭配的一款領型。雖然在日本可見附有口袋
的正式襯衫,但世界主流市場則視無貼袋襯衫為
正統。

how to make page 68

ROUND **F** 將領尖裁剪成圓形的圓領，仍舊屬
於英式風格的領型之一，賦予古典
風情與雅痞風格的設計。此一作品
添加了些許幽默的元素，並以英國
LIBERTY的印花布料製作而成。

how to make page **70**

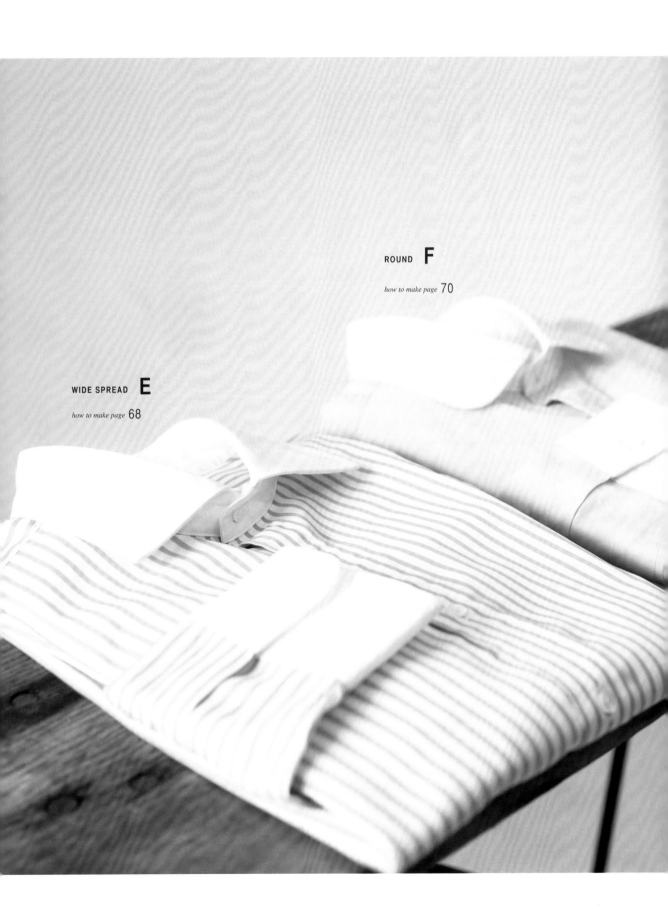

ROUND **F**

how to make page 70

WIDE SPREAD **E**

how to make page 68

領片與袖口布為白色的素面襯衫稱為
牧師襯衫。在過去，襯衫若是髒掉，
可另外換上領片，是令人感到懷念的
古典設計。特別是圓領，為1920年代
以後，在英國大為流行的設計。

TAILORED **G**

這個作品是從襯衫衍生而來的簡約型外套，如同襯衫般簡易製作，袖口則為反摺袖設計。雖然算是輕便的單品，但若是能搭配正式襯衫或牛津鈕釦襯衫，繫上領帶，並配上灰色長褲與帥氣的皮鞋，就能營造現代風的工作場合造型。只要配合表布，使用竹編造型仿皮釦或金屬鈕釦，即可塑造出更外套風的形象。可至古著店等處，尋找經典復古的金屬鈕釦，試著縫製出一件最為講究的成品。

how to make page **71**

SHAWL **H**

這個作品也是從襯衫衍生而來的簡約型外套。製作簡單，袖口
也為反摺袖設計。絲瓜領設計是以19世紀中期左右，貴族紳
士們在抽煙時，怕煙味將禮服薰臭，為了保護衣服而披在身上
的Smoking Jacket為原型。非常適合與T恤或短褲作成套穿
搭，營造休閒氛圍。

how to make page 74

MILITARY

這類範疇的服裝，源自一段悲壯的歷史。當初是為了在戰場
上保全性命，得兼具活動自如與機能性的耐用服，而被開發
出來的。自第二次世界大戰至越戰期間，與機能性有關的細
節與設計都逐漸成熟化。影響流傳至一般穿著，則與1960
年代後半開始至1970年代的嬉皮文化有著很大的關係。追
溯自反戰運動中，從所謂的「軍裝穿著是為了主張和平的服
飾，並非是為了與人戰爭而穿的服裝」這番訊息中，透露了
軍裝襯衫不再是制服的呆板印象，而是逐漸轉變成走向流行
時裝的趨勢中。

NARROW REGULAR

軍裝襯衫的特徵，在於肩章或胸前
的兩個大口袋。肩章是為了不讓扛
在肩上的槍枝或望遠鏡滑動，而設
計用來固定的釦絆。此作品完美呈
現了即使在都會中，也易於穿搭的
狩獵襯衫風。鈕釦使用了稍具厚實
感，視覺上看似耐用的堅果素材製
的軍風設計鈕釦。

how to make page 76

作為美國海軍士兵的制服，為了供士兵
於艦上穿著，而使用了麥爾登羊毛呢製
成的襯衫，稱為C.P.O襯衫（厚羊毛製的
襯衫或夾克）。本頁的C.P.O襯衫乃參考
於1940年代的穿著，單邊口袋的襯衫藍
本，所重新轉換設計的作品。到了1950
至60年代，逐漸改變成雙邊口袋的設
計。作為冬天的外出襯衫，算是相當便
於穿搭的單品。

how to make page 78

NARROW OPEN K

與NARROW REGULAR I相同，以肩章、胸前兩個大口
袋為特點，是非常有男子氣概的細節設計之一。作成夏季
使用的開領設計，為了於都會中也易於穿搭，因此添加了
狩獵襯衫的元素縫製而成。由於使用了兼具復古風與耐用
度的亞麻帆布素材，營造男性粗獷風采，因此只要搭配上
帥氣的皮鞋，或高級的手錶等優質單品，就能使整體造型
更加統一。

how to make page 80

NAVY ROUND **L**

海軍風的圓領襯衫。如同針織上衣一般，直接從頭
套進去的套頭式設計為其特點。運用了遊艇風帆專
用的高密度棉質素材為概念的帆布，經洗久褪色後
的布料表情更加豐富，即使不經整燙，也可直接穿
著使用。若以丹寧短褲搭配海灘鞋，就完成了非常
夏天的造型。

how to make page 81

WORK

自19世紀末期開始，至20世紀前半期的美國西部大墾荒時代，孕育而生的工裝襯衫，歸類於此一範疇。作為經得起森林工作者、礦工或農夫等嚴酷勞動的磨損，或單純作為穿著使用而逐漸進化的衣服，正是工作服的起源。誕生於1870年的牛仔褲，正是具代表性的單品。1950年代，詹姆斯狄恩、馬龍白蘭度等好萊塢明星們在螢幕裡的裝扮，成為了對社會反抗的一種象徵，因而受到年輕人狂熱的支持，並使得工作服由原本作為勞動之用，轉變成為了表達自我主張的服飾，價值觀在潛移默化之中出現了變化。

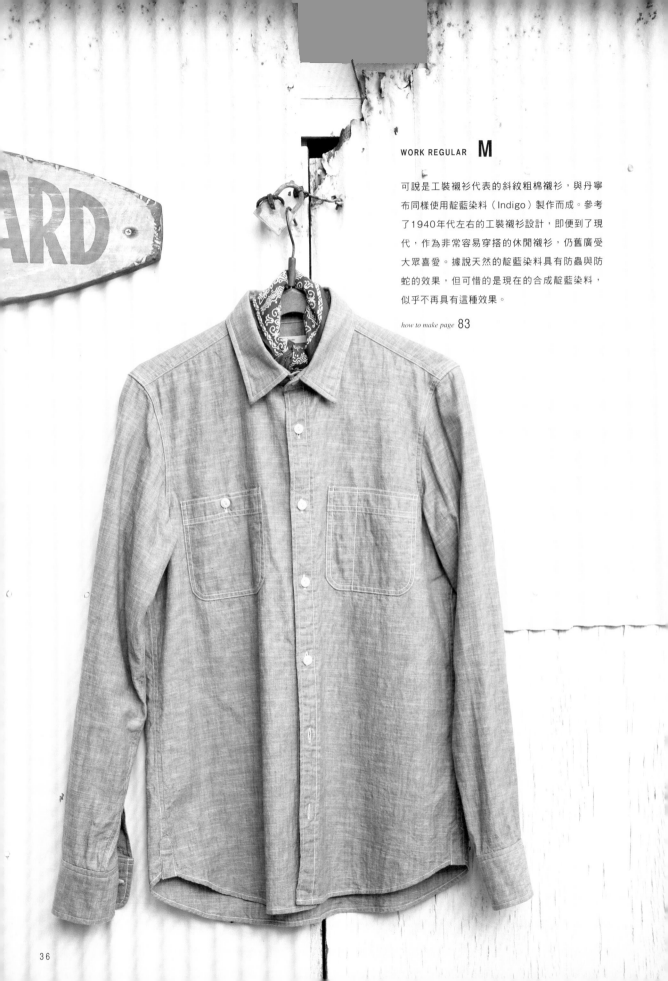

WORK REGULAR **M**

可說是工裝襯衫代表的斜紋粗棉襯衫，與丹寧布同樣使用靛藍染料（Indigo）製作而成。參考了1940年代左右的工裝襯衫設計，即便到了現代，作為非常容易穿搭的休閒襯衫，仍舊廣受大眾喜愛。據說天然的靛藍染料具有防蟲與防蛇的效果，但可惜的是現在的合成靛藍染料，似乎不再具有這種效果。

how to make page 83

WORK REGULAR N

是以樵夫（森林勞動者、伐木工）等人穿著
的工作服為概念的外衣，以前衣身上的四個
補丁與有蓋口袋為特點。雖是從襯衫衍生而
來的外衣，但更近似連身工作服（工作服的
一種，大都為丹寧布料，衣身較長，口袋
多）的搭配，是一款極富趣味性的作品。

how to make page 84

STAND O

從作品中看得見1920至30年代經典款工裝襯衫的細節，立領部分是以配布縫製出牧師襯衫風格，襯衫正面的接合處則形成圓形裁剪。鈕釦使用被稱為貓眼釦的堅果製鈕釦。此種設計具有即使身處惡劣工作環境中，鈕釦接縫線也不易磨損斷裂的優點。

how to make page 85

使用羊毛素材縫製的工作襯衫外套，此款作品使用哈里斯毛料，營造英國鄉村風格。若是與蘇格蘭格紋襯衫，或費爾島圖案毛衣一起穿搭，肯定非常適合。如果腳上再穿上一雙登山鞋，會更加提升休閒度假感。

how to make page 87

TEXTILES

素材挑選相當的重要，是最為有趣的作業。本書中所運用的布料，諸如牛津布、斜紋粗棉布、馬德拉斯格紋布、VIYELLA格紋布、絲光斜紋棉布、斜紋軟呢、麥爾登羊毛呢等，很多都是大家曾經聽過的基本素材。雖然很多都是容易取得的素材，價格也很合理，但畢竟一分錢一分貨，單價高的素材材質較佳、耐用度也高，但最終還是要以經濟考量為主。

我個人選用素材的重點，會偏向選擇稍微帶有一點厚實感，經過密實織成且堅固耐用的布料。我特別喜愛無論歷經多次洗滌，或穿過無數次也不易破損，亦不會變形的素材。

本書的作品，都希望你能在歷經洗久褪色後也能穿著，因此會建議務必不要省略整平布紋這道工序。若不整平布紋而直接縫製，很可能會因布料的收縮或歪斜，在洗滌過後發生縮水的情況，所以請一定要確實執行。

A 最喜歡的牛津布素材。素面&直條紋。 ｜ **B** 令人期待穿上的經典復古風素材。斜紋粗棉布、馬德拉斯格紋布、夏威夷布料。 ｜ **C** 相當可靠的素材。VIYELLA格紋布、絲光斜紋棉布、亞麻帆布。 ｜ **D** 以外衣為主的素材。哈里斯毛料、粗面厚呢、麥爾登羊毛呢。

BUTTONS

挑選鈕釦也像挑選布料一樣,是一件有趣的作業。

本書中所運用的鈕釦,皆挑選了與作品本身設計與素材最合拍的傳統款式,並以珠貝、椰子、木頭、水牛角、竹編造型仿皮釦等天然素材為主。天然素材的鈕釦價格雖高,但畢竟獨特的光澤感、色調與質感皆是其魅力所在。現今雖為了解決天然素材鈕釦容易裂開或變色等缺點,而開發出大量塑膠製鈕釦,但我還是盡可能選用天然素材的配件。

另外,因為很容易營造出個性化的細節,因此不妨前往古著店尋找一些喜愛的古董鈕釦,試著縫製出一件絕無僅有的作品,也是不錯的選擇。

A 工作服用的貓眼釦,堅果製鈕釦。 | **B** 已上漆的外衣用金屬四合釦。 | **C** 美麗的茶色堅果製鈕釦。 | **D** 使用真皮的竹編造型釦。 | **E** 珠貝鈕釦(中)。 | **F** 珠貝鈕釦(小)。 | **G** 珠貝鈕釦(大),特別用於外衣。 | **H** 夏威夷襯衫用木製鈕釦。 | **I** 夏威夷襯衫用椰子殼製鈕釦。 | **J** 堅牢耐用的軍裝襯衫用堅果製鈕釦。 | **K** 船錨圖案的海軍鈕釦。 | **L** 美國Waterbury公司製的金屬鈕釦。

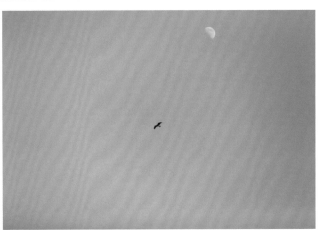

共同協力完成攝影的工作人員與作者。由左至右分別為原晃子、山岸二世、作者、戶田吉則、宮內陽輔。

about
SIZE

關於尺寸

為了製作符合身材的襯衫，首先，請先測量好自己的尺寸。
穿上貼身衣物或襯衫，以自然的姿勢進行測量。

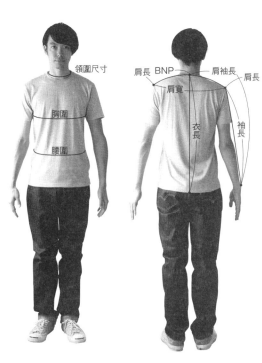

領圍尺寸
距離頸椎處稍微上方，往前放進大約一根手指頭的寬度再測量。

胸圍
胳臂連接處的下方一帶，繞胸部最厚的部位水平測量一圈。

腰圍
腰椎骨大約2cm以上的部位，水平測量一圈。

肩寬
測量由肩點通過BNP，至肩點的長度。

袖長
測量由肩點至手腕骨凸出處。

肩袖長
測量由BNP通過肩點，至手腕骨凸出處的長度。

衣長
由BNP垂直向下至下襬為止的長度。

＊BNP（後領點BACK NECK POINT）為頭部往前傾時出現，後頸部中央的骨頭部分。

量好尺寸之後，由尺寸表中選擇接近自己的尺寸。本書共有S、M、L、XL、XXL等5種尺寸。S、M尺寸為女士亦可穿著的尺寸。本書襯衫為合身尺寸，因此請參考各作法頁的完成尺寸表，並配合下方模特兒的試穿感覺再作選擇。

當你對尺寸選擇感到疑慮時，可測量並比較自己喜歡的襯衫的尺寸，也是一種方法。

尺寸表 （單位為cm）

	S	M	L	XL	XXL
身高	150至160	160至170	170至180	180至185	185至190
胸圍	78至86	84至92	90至98	96至104	102至110
腰圍	66至74	72至80	78至86	84至92	90至98

穿著L尺寸　　　　　　　　　　　　　　　　　　　　穿著S尺寸

身高　177cm
胸圍　103cm

身高　180cm
胸圍　96cm

身高　182cm
胸圍　98cm

身高　177cm
胸圍　89cm

身高　164cm
胸圍　80cm

about
PATTERN

關於原寸圖案

本書原寸圖案僅有XXL尺寸附有縫份。
S、M、L、XL則請描繪完成線，
並參考XXL加上縫份。

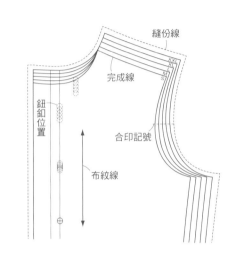

圖案的繪製方法

於描圖紙等白色紙張上進行臨摹。S、M、L、XL是描繪完成線，並參考XXL加上縫份。XXL則描繪完成線、縫份線。

此外，也千萬別忘了描繪布紋線、合印記號、褶線、鈕釦位置等。

當線條混雜以致於難以複寫的時候，只要以摩擦生熱就能消除的螢光筆等來勾勒線條，就會變得易於分辨，等畫完之後，即可消除，因此相當便利。

整理布紋

由於木棉、麻或羊毛等材質，以蒸汽熨斗整燙或經洗滌過後，會有收縮的現象產生，因此請於裁剪之前進行布紋整理。

當裁邊發生歪斜的情況時，可抽出一條緯線，再將裁邊筆直的修剪整齊（①）。浸泡水中一至兩小時（②）之後，進行陰乾（③）。趁著半乾之際，以熨斗進行整燙以期使布端形成直角（④）。

羊毛布的情況則是將布片正面相對疊合，並於雙面噴灑水霧後摺疊，靜置一會兒之後，再以熨斗整燙。

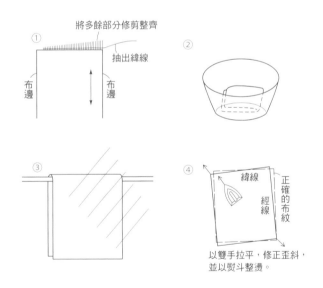

裁剪的方法

各作品的裁布圖是以L尺寸作為表示。根據尺寸的不同，配置也會隨之改變。首先，於布片的上方配置上所有的圖案，確認之後，再行裁剪。

關於黏著襯

在男子襯衫的縫製上，有時會為了營造出成品完成時，自然柔軟的垂墜感，故使用非黏襯，也就是縫襯的方法，但本書則是使用易於處理的黏著襯來進行解說。

作記號

在使用附縫份的圖案時，基本上不作記號。由裁邊對齊縫份寬度進行車縫。在合印記號的位置，於縫份處大約3mm的牙口（缺口）。口袋位置等則事先以錐子輕輕打洞。

若無縫線記號就不放心時，可使用已描繪了無縫份的圖案，先作完成線的記號，接下來再添加縫份的記號，進行裁剪。

BUTTON DOWN **A**
以這一款襯衫來熟練作法吧！

運動襯衫或正式襯衫等，本書介紹的四種款式的襯衫，基本上作法相同。
首先，以最基本的A款來學習基本的構造與流程。無論縫份寬度或縫線寬
度等，皆被仔細的要求，只要細心製作，即可成為完成度高的襯衫式樣。
脇邊或袖襠是以包邊縫進行收邊。弧線部分等處，若覺得以包邊縫方式較
為麻煩時，則請統一縫份寬度進行收邊。（→P.59）

準備 黏貼黏著襯

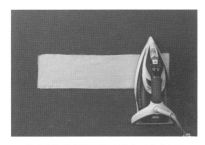

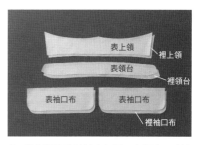

1 將黏著襯的粗糙面黏貼於布片的背面上，
並於領片的圖案上預留3至4cm的留白
後，將布片與黏著襯進行粗裁。以熨斗像
是由上往下壓的方式進行整燙，一點一點
的挪動，燙貼上黏著襯。

2 剪刀緊貼於圖案邊，重新進行裁剪。如
此一來，黏著襯就不會移動，而能夠漂
亮的黏貼上去。

3 黏著襯僅黏貼於表上領、表領台、表袖
口布。

1 進行前端布邊的處理

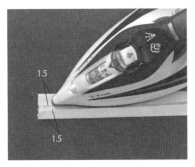

1 以熨斗依完成寬度燙摺前襟。

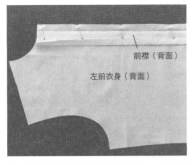

2 將前襟置於左前衣身的背面，對齊前端，以珠針固定。

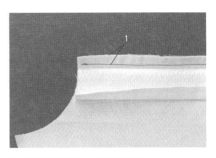

3 由邊端算起1cm處進行車縫。

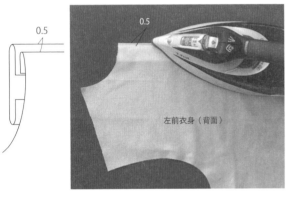

4 將前襟翻至正面，以熨斗整燙。

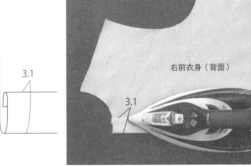

5 右前衣身於背面三摺邊後，再以熨斗整燙。

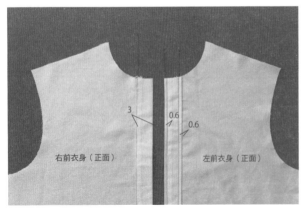

6 由正面於前襟處進行車縫。右前衣身是由邊端算起3cm處，左前衣身則於0.6cm的位置進行車縫。

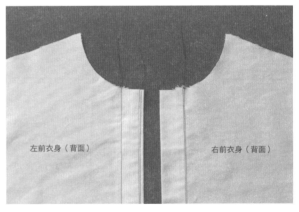

由背面檢視的模樣。

2 接縫胸前口袋

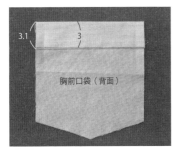 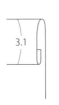

1 口袋口依3.1cm的寬度進行三摺
邊，並於邊端算起3cm處進行車
縫。

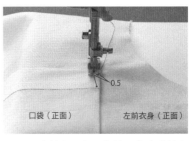

2 將已依口袋完成線作裁剪的厚紙板
貼放於背面，並以熨斗於完成線上
燙摺縫份。如此一來，即可完成漂
亮的褶痕。

3 於縫份上薄薄的塗抹一層漿糊，並以熨
斗暫時燙貼於身片上。

如果擁有會更加便利的物品

與黏貼障子紙（和室紙）
或襯紙（隔扇紙）時相
同，都使用漿粉糊。雖然
在紳士服中較常使用，但
可以協助縫合不錯位，因
此相當便利。即便黏錯
了，也可以簡單的撕下
來，或重新黏貼上去。加
水稀釋至如優格般的濃稠
程度，即可使用。

4 將口袋縫合固定。放於口袋邊端算起
0.5cm內側處開始進行，斜斜的縫合。

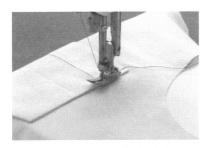

5 於口袋口的車縫處放下針後，停止。

6 改變方向，將現在已車縫處，重複進行
縫合。

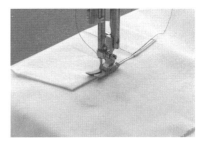

7 返回至口袋口側，像是畫三角形似的，
以回針縫縫合，直接接續於邊端算起
0.1cm處進行車縫。

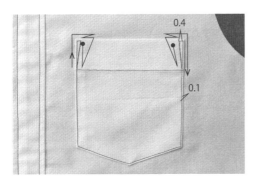

8 另一側也以相同方式進行車縫。

3 進行下襬布邊的處理

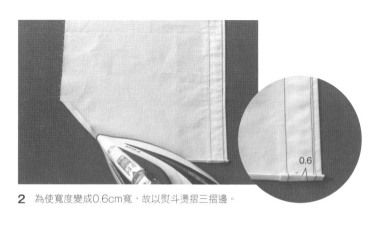

1 將已描繪下襬完成線的厚紙板貼放於背面上，並以熨斗依完成線燙摺縫份。只要事先於厚紙板上添加摺份寬度的線條，會更加便利。

2 為使寬度變成0.6cm寬，故以熨斗燙摺三摺邊。

4 摺疊後衣身的褶襇，接縫後領掛耳

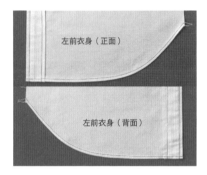

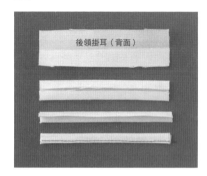

3 由正面於0.5cm處進行車縫。右前衣身、後衣身的下襬也以相同方式進行車縫。

1 製作後領掛耳。以熨斗將後領掛耳布燙摺四摺邊，將邊端算起0.1cm處進行縫合。待縫合完成之後，裁剪成7cm。

2 將後衣身正面朝外摺疊，並將褶襇暗褶部分的縫份縫合1cm。

5 縫合剪接的後中心

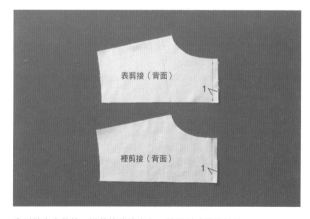

3 摺疊褶襇，並將後領掛耳車縫固定於縫份處。

分別縫合表剪接、裡剪接的後中心，並以熨斗燙開縫份。

6 接縫剪接

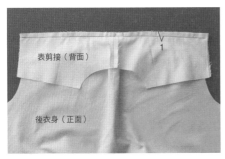

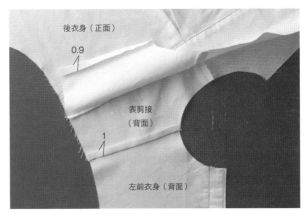

1 將表剪接、裡剪接正面相對，包夾著後衣身，三片一起縫合。

3 於前衣身上接縫表剪接。將左前衣身與表剪接正面對疊縫合。裡剪接則是以熨斗於0.9cm處進行燙摺後，覆蓋於左前衣身上，並事先以漿糊暫時固定（參照P.53）。

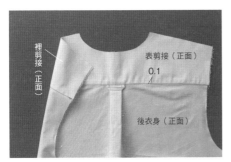

2 表剪接、裡剪接皆翻至正面，並以熨斗整燙。由正面於剪接邊端算起0.1cm處進行車縫。

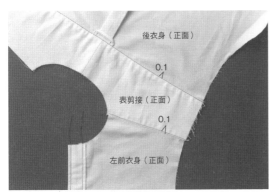

4 由正面於剪接邊端算起0.1cm處進行車縫。右前衣身亦以相同方式接縫剪接。

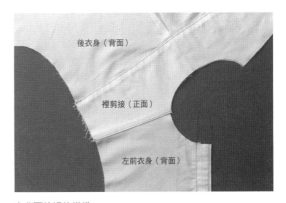

由背面檢視的模樣。

7 製作領片，接縫上去

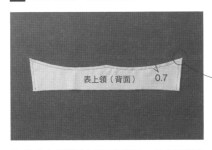

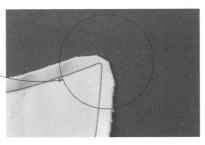

1 將表上領與裡上領正面對疊，縫合邊端算起0.7cm處。

領片轉角處僅只一針橫向縫合。如此一來，即可漂亮的翻回領片。裁剪尖端多餘縫份。

2 縫份弧線處剪牙口，請注意不要剪至縫線處。

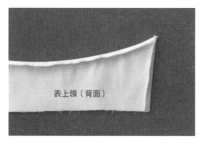

3 由縫線邊緣開始以熨斗燙摺表上領側。

4 以大拇指與衣領中的食指一起壓住領尖的縫份，由領片內部翻至正面。

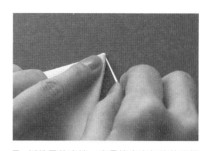

5 以椎子的尖端，盡量擠出來似的整理領尖。

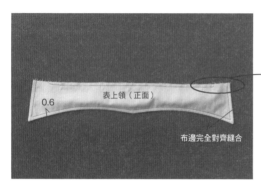

6 領片外圍是將表裡布邊完全對齊縫合之後，以熨斗整燙，進行車縫。

表上領往後退縮0.1cm，由邊端算起0.5cm處，將表上領進行暫時固定車縫（假縫）。兩端預留3cm不縫。

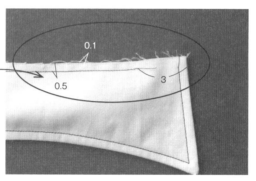

7 將表領台正面相對疊放於裡上領的上方，進行暫時固定車縫（假縫）。

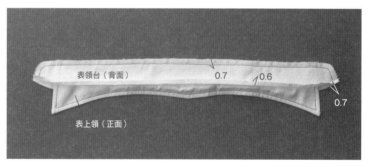

8 裡領台是以熨斗將接縫側燙摺0.6cm，正面相對疊放，並穿至表領台，縫合。兩端縫合至完成線。

9 領台的弧線縫份部分稍作修剪。

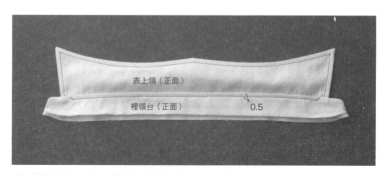

10 將領台翻至正面，並以熨斗整燙。由裡領台側開始，於領台的上端算起0.5cm處進行車縫。

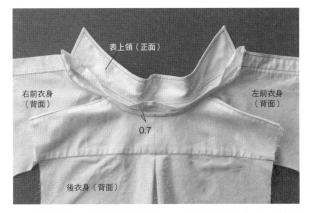

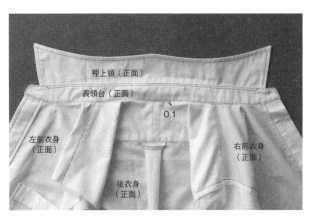

11 避開裡領台，將表領台與前後衣身的領圍正面對疊後，縫合邊端算起0.7cm處。由於領圍弧度較小，因此最好先疏縫之後，再進行車縫較佳。

12 將裡領台覆蓋於縫線上，進行疏縫，並由表領台側開始，於邊端算起0.1cm處，進行車縫一圈。

8 於袖口處製作劍形袖衩

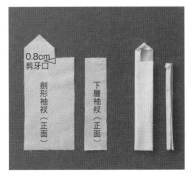

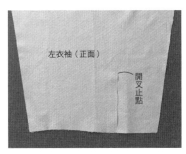

2 剪牙口至袖開叉止點。

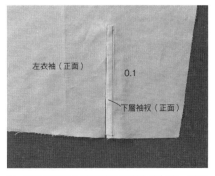

1 劍形袖衩與下層袖衩是以熨斗依完成線燙摺。下層袖衩進行四摺邊。為使劍形袖衩與下層袖衩裡側皆露出0.1cm，故將裡側的縫份摺成0.9cm。

3 袖開叉與下層袖衩的摺線對齊後包夾，以漿糊暫時固定（參照P.53），由正面進行車縫。

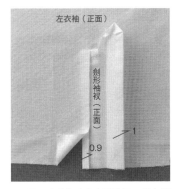

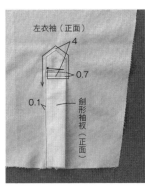

4 另一片也包夾著劍形袖衩，塗上漿糊。

5 與下層袖衩疊放後，將邊端算起0.1cm處車縫固定。右衣袖採左右對稱接縫。

9 接縫袖片（包邊縫）

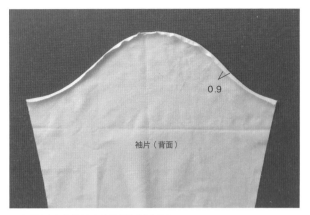

1 以熨斗事先將袖山的縫份燙摺成0.9cm。

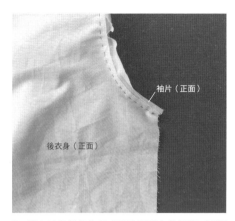

2 將身片和袖片的完成線位置與合印記號正面對
疊後，進行疏縫以避免移位。

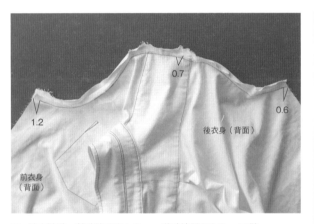

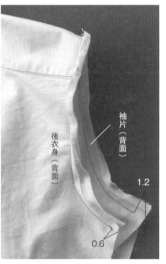

3 縫合袖襱。前脇邊預留1.2cm，後脇邊預留0.6cm不縫。

4 將袖片的縫份倒向身片側，進行疏縫。

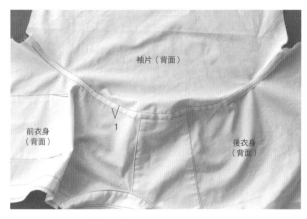

5 由正面於1cm處進行疏縫。

10 縫合袖下・脇邊（包邊縫）

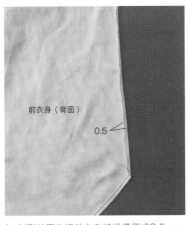

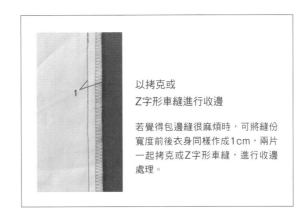

以拷克或
Z字形車縫進行收邊

若覺得包邊縫很麻煩時，可將縫份
寬度前後衣身同樣作成1cm，兩片
一起拷克或Z字形車縫，進行收邊
處理。

1 以熨斗事先將前衣身縫份燙摺成0.5cm。

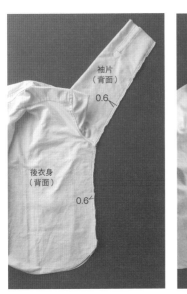

袖片
（背面）

0.6

後衣身
（背面）

0.6

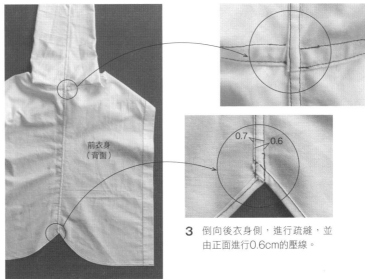

前衣身
（背面）

0.7　0.6

3 倒向後衣身側，進行疏縫，並
由正面進行0.6cm的壓線。

2 將前衣身與後衣身的完成線位置正面對疊，由袖片接續縫合脇邊。

11 於袖口處接縫袖口布

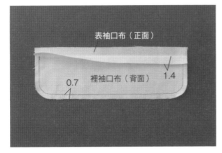

表袖口布（正面）

裡袖口布（背面）　1.4

0.7

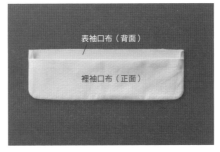

表袖口布（背面）

裡袖口布（正面）

左衣袖（正面）

1

1 裡袖口布是以熨斗事先將接縫側燙摺成
1.4cm。與表袖口布正面對疊之後，縫合邊端
算起0.7cm處。弧線縫份部分稍作修剪（參照
P.56-9）。

2 翻至正面，將表裡布邊完全對齊縫合之後，
以熨斗整燙。

3 摺疊褶襉，於縫份處疏縫固
定。

4 將表袖口布與袖片正面對疊,縫合邊端算起1.5cm處。

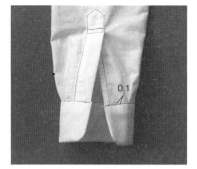

5 將袖口布翻至正面加以整理,並以漿糊暫時固定(參照P.53),由正面於縫線邊緣算起0.1cm處進行車縫。

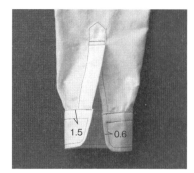

6 以相同方式由正面進行車縫。

12 於脇邊下襬接縫側身補強舌片

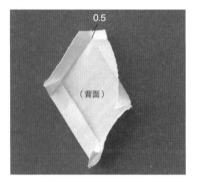

1 側身補強舌片是以熨斗於完成線上燙摺。裁剪掉三角形尖角部分的縫份。

2 於背面貼放上側身補強舌片,將上端縫合固定。

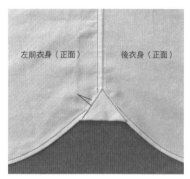

3 摺回正面,並於邊端算起0.1cm處進行車縫。

13 製作釦眼,接縫鈕釦

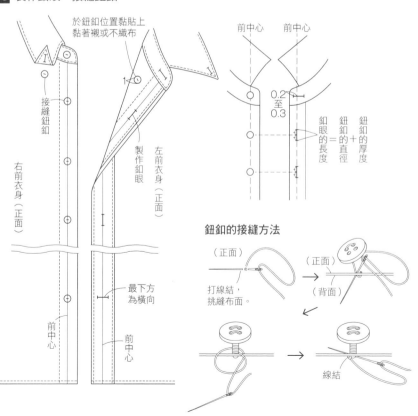

前衣身

後衣身

接縫於接領線

袖口

素材

白色素面布與藍色條紋布為牛津布，採用較細的精梳高支紗線作雙經，與較粗的單支緯紗以緯重平組織交織而成的平織素材。特點為透氣性好，不易起皺。最好挑選布料堅牢、稍微緊密厚實的種類。蘇格蘭格子花呢為VIYELLA布料（棉毛混紡）。表面微起毛的綾織素材。特點為最適合秋冬季節裡的暖和感與良好的肌膚觸感。蘇格蘭格子花呢自16世紀起備受愛用，源自蘇格蘭發祥地的民族圖案，並具有作為家徽的功用，依照身份的不同，從單色至皇室專屬的七種顏色，有其一定的規範。

細節說明

襯衫的版型輪廓剪裁成外觀呈現代感且時髦的樣式。為了能夠完美呈現出領片、袖口布洗滌過後的氛圍，故襯布使用縫襯，然而，由於是較有難度的手法，因此建議大家使用蓬鬆柔軟的黏著襯。珠貝鈕釦雖有容易裂開的缺點，但天然的高級感獨具魅力。車縫線使用粗紡支數60支的精紡紗（短纖強撚紗），針距範圍為3cm內車縫18針達標準。

材料

白色素面牛津布・直條紋牛津布＝110cm寬S・M為2.3m、L・XL・XXL為2.4m　VIYELLA起毛格紋布海軍藍・VIYELLA起毛格紋布紅色＝112cm寬2.5m（全尺寸通用）

黏著襯（表上領・表領台・表袖口布）＝90cm寬60cm

鈕釦＝直徑10mm9顆（襯衫正面・領台・袖口布）・9mm5顆（領尖・接領線・劍形袖衩）

完成尺寸表

（單位cm）

	S	M	L	XL	XXL
領圍尺寸	38	39.5	41	42.5	44
衣長	72	74	76	78	80
肩寬	41.6	42.8	44	45.2	46.4
袖長	59.5	61.5	63.5	64.5	65.5
肩袖長	80.3	82.9	85.5	87.1	88.7
胸圍	102	106	110	114	118
腰圍	95	99	103	107	111
下襬圍	98.7	102.7	106.7	110.7	114.7
袖口寬	21.5	22	22.5	23	23.5

作法請參照P.51

A的裁布圖

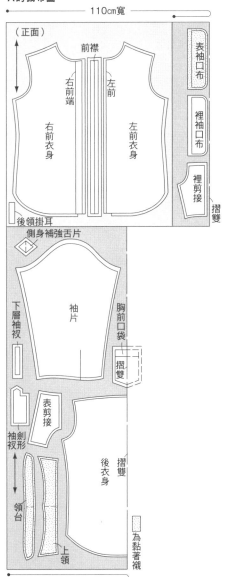

B的裁布圖

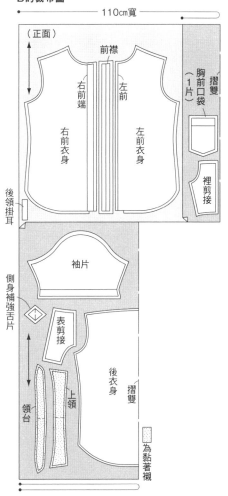

SMALL BUTTON DOWN **B** *page* 10・11　原寸圖案A・B・C面

素材

白色素面布、瘋狂拼接圖案布皆使用牛津布。雖然瘋狂拼接圖案（彩色配色）並無一定的規則，但卻是能讓人感受到美式詼諧作風的創意。除了素面布的組合之外，還有素面×花樣或花樣×花樣等，變化相當豐富。

作法

準備…於表上領、表領台上黏貼黏著襯（→P.51）

1　進行前端布邊的處理（→P.52）
2　接縫胸前口袋（→P.53）
3　進行下襬布邊的處理（→P.54）
4　摺疊後衣身的褶襉，接縫後領掛耳（→P.54）
5　縫合剪接的後中心（→P.54）
6　接縫剪接（→P.55）
7　製作領片，接縫上去（→P.55）
8　將袖口作三摺邊車縫（→P.63）
9　接縫袖片（→P.58）
10　縫合袖下・脇邊。
11　於脇邊下襬接縫側身補強舌片（→P.60）
12　製作釦眼，接縫鈕釦（→P.60）

細節說明

與長袖的BUTTON DOWN A相同，但作為襯衫背後樣式的特點設計，亦於後領中心接縫鈕釦。這樣的細節雖會依商品的不同而消失，但卻是一種具有與襯衫正面領片不外翻的相同機能設計巧思。

材料

白色素面牛津布＝110cm 寬S・M為1.9m、L・XL・XXL為2m　牛津布＝藍色（後衣身・右前衣身・上領）112cm寬1.3m・紅色（左前衣身・後領掛耳）112cm寬80cm・綠色（左衣袖・剪接・上前襟・側身補強舌片）112cm寬80cm・黃色（右衣袖・領台・胸前口袋）112cm寬60cm

黏著襯（表上領・表領台）＝90cm寬 60cm

鈕釦＝直徑10mm7顆（襯衫正面・領台）・9mm3顆（領尖・接領線）

完成尺寸表　　　　　　　　　　　　（單位cm）

	S	M	L	XL	XXL
領圍尺寸	38	39.5	41	42.5	44
衣長	70	72	74	76	78
肩寬	41.6	42.8	44	45.2	46.4
半袖長	23.5	24	24.5	25	25.5
肩袖長	44.3	45.4	46.5	47.6	48.7
胸圍	102	106	110	114	118
腰圍	95	99	103	107	111
下襬圍	98.7	102.7	106.7	110.7	114.7
袖口寬	33	34	35	36	37

裁布圖請參照P.61

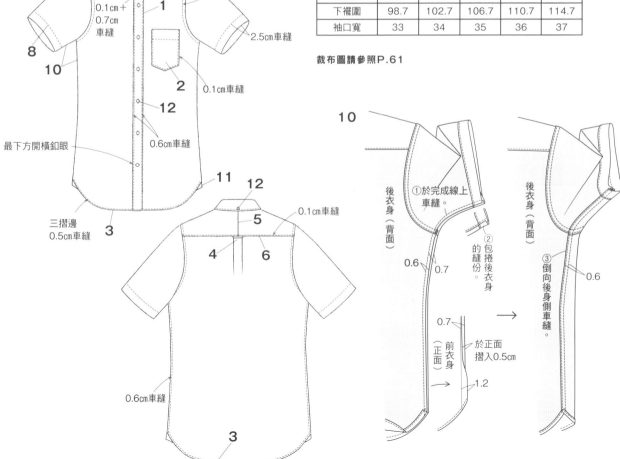

SMALL BUTTON DOWN C

page 12・13　原寸圖案A・B・C面

素材

白色素面布為牛津布，馬德拉斯格紋布為印度製。原產於印度馬德拉斯島所紡織的棉質平紋織物，隨著穿著時間越久，顏色會一點一點的逐漸褪色，獨特且樸素的表情為魅力所在，與丹寧布的搭配屬性也相當出眾。自1920年前後開始，在美國被作成襯衫或短褲使用。

作法

準備…於表上領・表領台上黏貼黏著襯（→P.51）
1　進行前端布邊的處理（→P.64）
2　接縫胸前口袋（→P.53）
3　進行下襬布邊的處理（→P.54）
4　摺疊後衣身的褶襉，接縫後領掛耳（→P.54）
5　縫合剪接的後中心（→P.54）
6　接縫剪接（→P.55）
7　製作領片，接縫上去（→P.55）
8　將袖口作三摺邊車縫
9　接縫袖片（→P.58）
10　縫合袖下・脇邊（→P.62）
11　於脇邊下襬接縫側身補強舌片（→P.60）
12　製作鈕眼，接縫鈕釦

細節說明

對照SMALL BUTTON DOWN B，即便領型相同，但衣長剪裁得更短，以便能夠從褲子拉出來穿著。

材料

白色素面牛津布＝110cm寬 S・M為1.9m、L・XL・XXL為2m
馬德拉斯拼接布＝108cm寬S・M為1.9m、L・XL・XXL為2m
黏著襯（表上領・表領台）＝90cm寬 60cm
鈕釦＝直徑10mm4顆（襯衫正面・領台）・9mm2顆（領尖）

完成尺寸表

（單位cm）

	S	M	L	XL	XXL
領圍尺寸	38	39.5	41	42.5	44
衣長	69	71	73	75	77
肩寬	41.6	42.8	44	45.2	46.4
半袖長	23.5	24	24.5	25	25.5
肩袖長	44.3	45.4	46.5	47.6	48.7
胸圍	102	106	110	114	118
腰圍	96	100	104	108	112
下襬圍	101	105	109	113	117
袖口寬	33	34	35	36	37

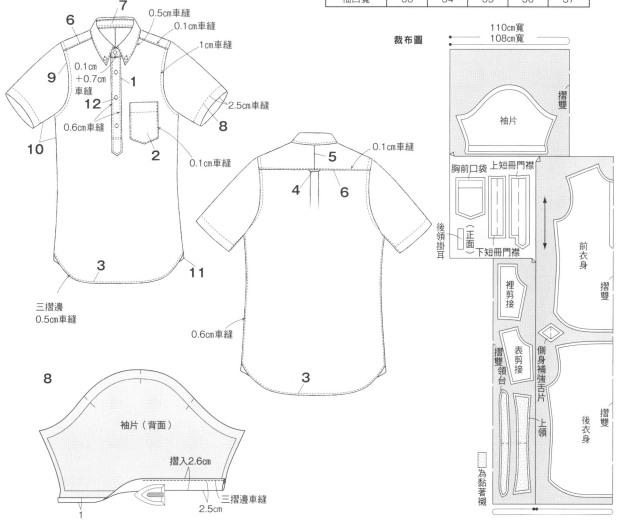

裁布圖

1

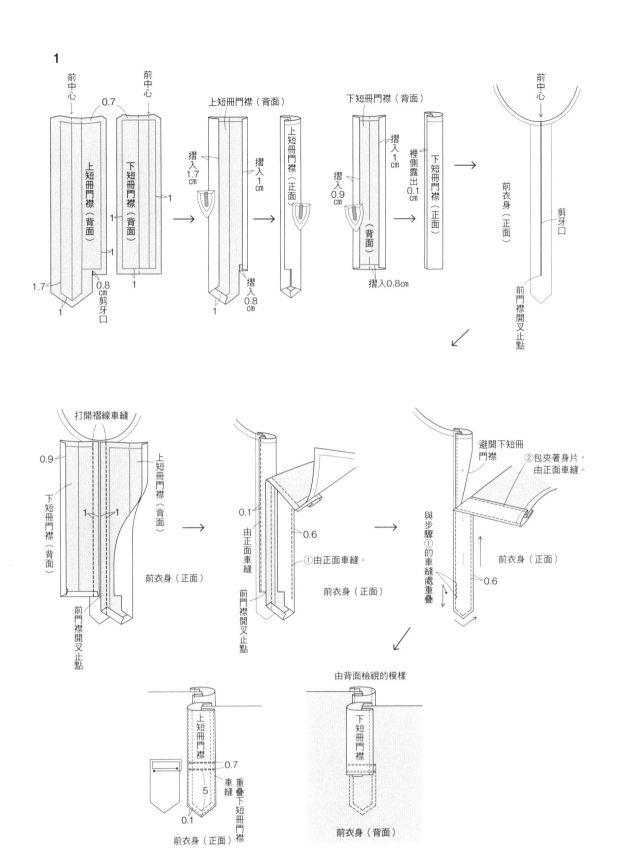

前中心
0.7
前中心
上短冊門襟（背面）
下短冊門襟（背面）
前中心

上短冊門襟（背面）
下短冊門襟（背面）

1
1
1
1

摺入1.7cm
摺入1cm
上短冊門襟（正面）

摺入0.9cm
摺入1cm
裡側露出0.1cm
下短冊門襟（正面）

前衣身（正面）
剪牙口

1.7
0.8cm剪牙口
1

摺入0.8cm
1

摺入0.8cm

前門襟開叉止點

打開褶線車縫
0.9
上短冊門襟（背面）
下短冊門襟（背面）
1　1
前衣身（正面）
前門襟開叉止點

0.1
由正面車縫
0.6
①由正面車縫。
前衣身（正面）
前門襟開叉止點

避開下短冊門襟
②包夾著身片，由正面車縫。
與步驟①的車縫處重疊
前衣身（正面）
0.6

0.7
上短冊門襟
車縫
5
重疊下短冊門襟
0.1
前衣身（正面）

由背面檢視的模樣
下短冊門襟
前衣身（背面）

素材

夏威夷襯衫原本的素材是日本和服的絲綢。直到1950年代人造絲（嫘縈），1960年代聚酯纖維或棉質的素材，逐漸被廣泛使用。當時夏威夷襯衫的衣料，大多都來自印花技術高明的日本京都製作。此次的作品為100％純棉素材，搭配古著感的經典花樣，並使用織得不密的粗織品或斑染線縫製而成。是穿了之後，可以感受品味出眾的素材。

細節說明

不繫領帶的領型，下襬為不塞入褲子的直身剪裁。代表夏天的奔放設計。版型輪廓則作成外觀呈現領帶時尚感的樣式。由於這次的印花布是略有厚度的種類，因此領片、貼邊的襯布並不通用。無襯布的縫製方式，在經洗滌過後，會衍生更為自然的表情。車縫線使用粗紡支數60支的精紡紗（短纖強撚紗），針距範圍為3cm內車縫18針達標準。

作法

準備…於外領黏貼黏著襯（→P.51）。

　　　於貼邊的末端進行Z字形車縫。

1　接縫胸前口袋（→P.53）
2　將貼邊的末端進行二摺邊車縫，並以表剪接與裡剪接包夾著身片縫合。但是，由於裡剪接的前側是由背面包夾貼邊，因此請事先進行疏縫（→P.66）
3　於領圍處接縫釦環（→P.66）
4　製作領片，接縫上去（→P.66）
5　將袖口作三摺邊車縫（→P.63）
6　接縫袖片（縫份倒向身片側，包邊縫）（→P.82）
7　縫合袖下・脇邊至開叉止點，縫製開叉（縫份倒向後身側，包邊縫）（→P.67）
8　將下襬作三摺邊車縫（→P.67）
9　製作釦眼，接縫鈕釦（→P.67）

材料

Vintage Aloha（黃色）＝110cm

寬S・M為2m、L・XL・XXL為2.1m

Vintage Aloha（海軍藍）＝108cm

寬S・M為2m、L・XL・XXL為2.1m

黏著襯（外領）＝20×60cm

鈕釦＝直徑13mm5顆（襯衫正面）・11.5mm1顆（第1顆鈕釦）

完成尺寸表

（單位cm）

	S	M	L	XL	XXL
領圍尺寸	38	39.5	41	42.5	44
衣長	68	70	72	74	76
肩寬	41.6	42.8	44	45.2	46.4
半袖長	23.5	24	24.5	25	25.5
肩袖長	44.3	45.4	46.5	47.6	48.7
胸圍	102	106	110	114	118
腰圍	95	99	103	107	111
下襬圍	98.8	102.8	106.8	110.8	114.8
袖口寬	33	34	35	36	37

裁布圖

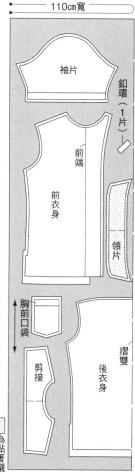

108cm寬
110cm寬

袖片

釦環（1片）

前端

前衣身

領片

↑胸前口袋

剪接

摺雙

後衣身

▨為黏著襯

4
0.1cm車縫
2
0.5cm車縫
6
3
2.5cm車縫
0.1cm車縫
5
7
1
9
8
側開叉

0.1cm車縫
2
0.6cm車縫
8
三摺邊
2cm車縫

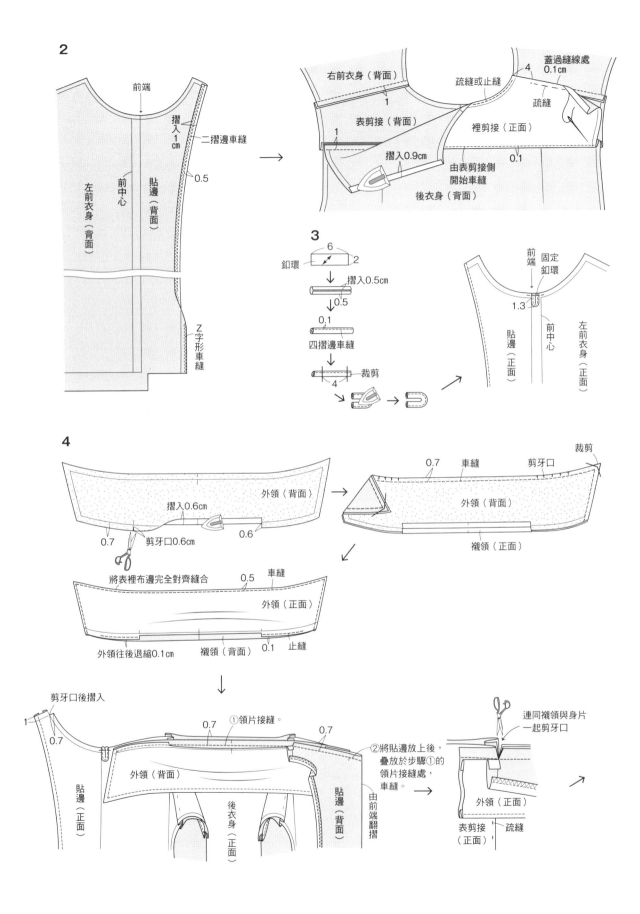

2

前端

摺入1cm

二摺邊車縫

0.5

左前衣身（背面）

前中心

前端

貼邊（背面）

Z字形車縫

右前衣身（背面）

1

表剪接（背面）

摺入0.9cm

疏縫或止縫

蓋過縫線處0.1cm

4

疏縫

裡剪接（正面）

0.1

1

由表剪接側開始車縫

後衣身（背面）

3

釦環

6

2

摺入0.5cm

0.5

0.1

四摺邊車縫

4

裁剪

前端

固定釦環

1.3

貼邊（正面）

前中心

左前衣身（正面）

4

外領（背面）

摺入0.6cm

0.7

剪牙口0.6cm

0.6

0.7

車縫

裁剪

剪牙口

外領（背面）

襯領（正面）

將表裡布邊完全對齊縫合

0.5

車縫

外領（正面）

外領往後退縮0.1cm

襯領（背面）

0.1

止縫

剪牙口後摺入

1

0.7

0.7

①領片接縫。

0.7

②將貼邊放上後，
疊放於步驟①的
領片接縫處，
車縫。

連同襯領與身片
一起剪牙口

貼邊（正面）

外領（背面）

後衣身（正面）

貼邊（背面）

由前端翻摺

外領（正面）

表剪接（正面）

疏縫

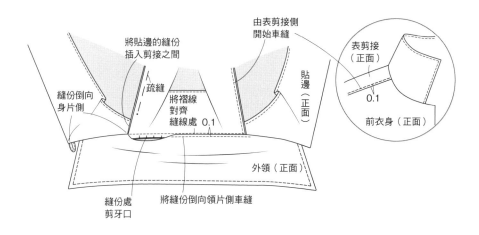

將貼邊的縫份
插入剪接之間

由表剪接側
開始車縫

縫份倒向
身片側

疏縫

將褶線
對齊
縫線處 0.1

貼邊（正面）

表剪接（正面）

0.1

前衣身（正面）

縫份處
剪牙口

將縫份倒向領片側車縫

外領（正面）

7

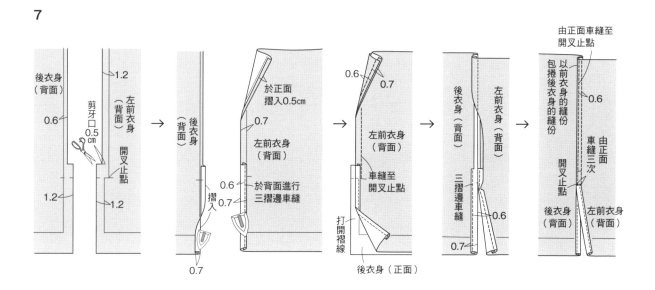

後衣身（背面）

0.6

剪牙口
0.5
cm

1.2

1.2

左前衣身（背面）

開叉止點

1.2

→

後衣身（背面）

摺入

0.7

於正面
摺入0.5cm

0.7

左前衣身（背面）

0.6

0.7

於背面進行
三摺邊車縫

→

0.6

0.7

左前衣身（背面）

車縫至
開叉止點

打開褶線

後衣身（正面）

→

後衣身（背面）

左前衣身（背面）

三摺邊車縫

0.6

0.7

→

由正面車縫至
開叉止點

以前衣身的縫份
包捲後衣身的縫份

0.6

由正面
車縫三次

開叉止點

後衣身（背面）

左前衣身（背面）

8

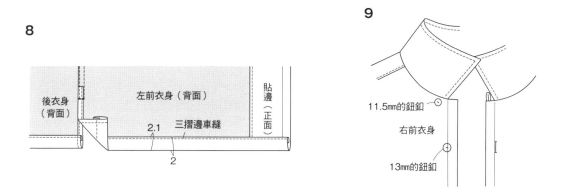

後衣身（背面）

左前衣身（背面）

三摺邊車縫

2.1

2

貼邊（正面）

9

11.5mm的鈕釦

右前衣身

13mm的鈕釦

素材

正式襯衫定番素材之一的80支白色素面細牛津布。高密實織成的素材表面具有光澤感，不易起皺，且手感平滑。另外，屬於平紋織布，因此也具有良好的透氣性。藍色條紋襯衫布，是創始於1796年的英國皇家襯衫布料品牌THOMAS MASON公司生產的布料。雖是代表正統英國的紡織廠，但現在被義大利襯衫大廠收購為旗下子公司。其生產的藍色條紋布與薩克斯藍素面布，皆為80支高等級的Pinpoint Oxford組織密實織成。

細節說明

版型輪廓作成外觀呈現代感又時髦的樣式。衣長設定得較長一些，以避免襯衫的下襬從褲子露出來。襯布推薦使用兼具厚實感與張力的黏著襯。鈕釦為具有高級感的珠貝鈕釦，車縫線使用粗紡支數80支的長絲纖維紗線，針距範圍為3cm內車縫21針達標準。

作法

準備⋯於表上領・表領台・表袖口布上黏貼黏著襯（→P.51）

1　進行前端布邊的處理（→P.52）
2　進行下襬布邊的處理（→P.54）
3　縫合剪接的後中心（→P.54）
4　接縫剪接（→P.70）
5　製作領片，接縫上去（→P.55）
6　於袖口處製作劍形袖衩（→P.57）
7　接縫袖片（→P.58）
8　縫合袖下・脇邊（→P.59）
9　於袖口處接縫袖口布（→P.59）
10　於脇邊下襬接縫側身補強舌片　（→P.70）
11　製作釦眼，接縫鈕釦（→P.60）

白無地の裁ち方はp.70

裁布圖

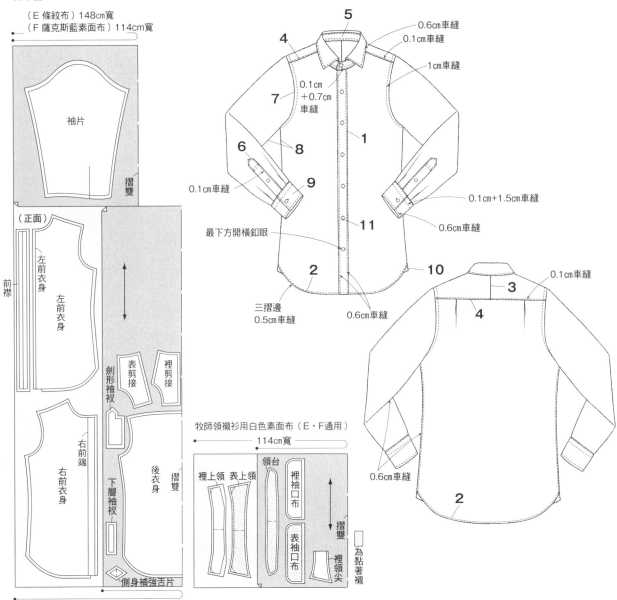

（E 條紋布）148cm寬
（F 薩克斯藍素面布）114cm寬

袖片

摺雙

（正面）

前襟

左前衣身

左前衣身

右前端

右前衣身

劍形袖衩

表剪接

裡剪接

下層袖衩

後衣身

摺雙

側身補強舌片

牧師領襯衫用白色素面布（E・F通用）

114cm寬

裡上領　表上領

領台

裡袖口布

表袖口布

裡領尖

摺雙

為黏著襯

0.6cm車縫
0.1cm車縫
1cm車縫
0.1cm+0.7cm車縫
0.1cm車縫
0.1cm+1.5cm車縫
0.6cm車縫
最下方開橫釦眼
三摺邊 0.5cm車縫
0.6cm車縫
0.1cm車縫
0.6cm車縫

68

材料

白色素面細面牛津布＝114cm寬S・M為2.3m、L・XL・XXL為2.4m

THOMAS MASON條紋布（身片・剪接・袖片・劍形袖衩・側身補強舌片）＝148cm寬1.6m（全尺寸通用）

牧師領襯衫用白色素面細面牛津布（上領・領台・袖口布）＝114cm寬60cm（全尺寸通用）

黏著襯（表上領・表領台・表袖口布）＝90cm寬60cm

鈕釦＝直徑10mm9顆（襯衫正面・領台・袖口布）・9mm2顆（劍形袖衩）

領撐＝2片

完成尺寸表

（單位cm）

	S	M	L	XL	XXL
領圍尺寸	38	39.5	41	42.5	44
衣長	74	76	78	80	82
肩寬	41.6	42.8	44	45.2	46.4
袖長	59.5	61.5	63.5	64.5	65.5
肩袖長	80.3	82.9	85.5	87.1	88.7
胸圍	102	106	110	114	118
腰圍	95	99	103	107	111
下襬圍	99	103	107	111	115
袖口寬	21.5	22	22.5	23	23.5

5 領撐插槽的作法

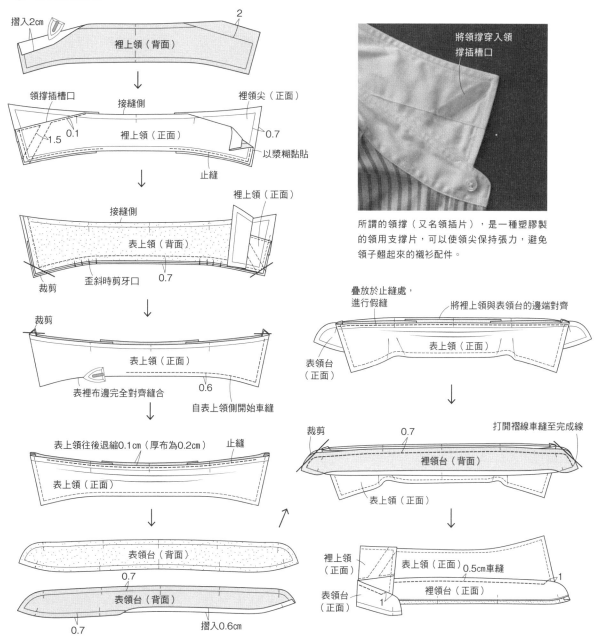

所謂的領撐（又名領插片），是一種塑膠製的領用支撐片，可以使領尖保持張力，避免領子翹起來的襯衫配件。

素材

P.19的作品是以英國LIBERTY公司的招牌碎花棉布縫製而成，
LIBERTY公司以1874年在倫敦開始的新藝術運動風格的碎花圖案
為其特點。牧師領襯衫為薩克斯藍素面布與白色素面布的組合。

細節說明

與WIDE SPREAD E為相同構思。

作法同P.68
牧師領襯衫的縫製方法請參照P.68

材料

LIBERTY PRINT的TANA LAWN＝110cm寬S・M為2.3m、L・
XL・XXL為2.4m
薩克斯藍素面細牛津布（身片・剪接・袖片・劍形袖衩・側身補強舌
片）＝114cm寬S・M為2.3m、L・XL・XXL為2.4m
牧師領襯衫用白色素面細牛津布（外領・領台・袖口布）＝114cm
寬60cm（全尺寸通用）
黏著襯（表上領・表領台・表袖口布）＝90cm寬60cm
鈕釦＝直徑10mm9顆（襯衫正面・領台・袖口布）・直徑9mm2顆
（劍形袖衩）
領撐＝2片

完成尺寸表與P.69相同

裁布圖

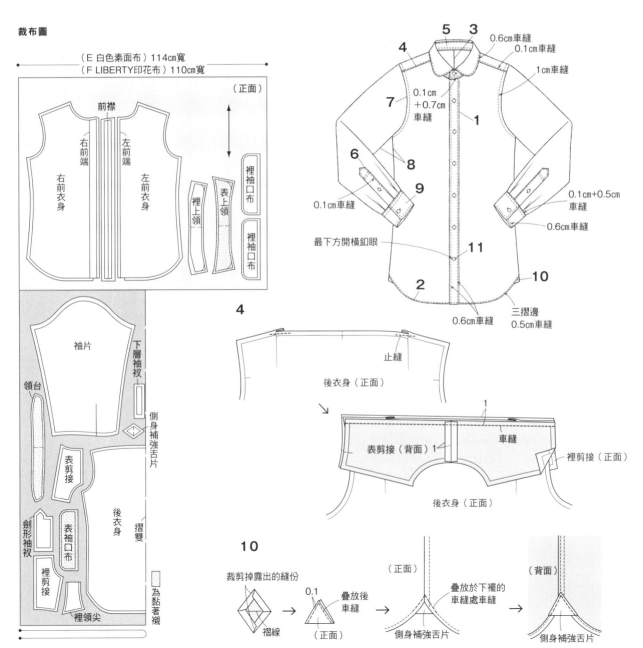

素材

軍用格紋花呢屬於帶有毛量的粗面厚呢素材，使平織羊毛布料起毛，相當輕盈且保暖。P.23的作品是使用經典風的粗麻密實織成的亞麻帆布素材，經由洗滌過後，使素材產生更多生動凹凸紋理的氛圍。

作法

準備…於前衣身、貼邊、外領、襯領、口袋、表袖口布上黏貼黏著襯（→P.51）。於貼邊的末端、口袋的周圍、背裡的下襬處進行Z字形車縫。

1　接縫胸前・腰間口袋
2　將背裡的下襬、貼邊的末端二摺邊車縫（→P.72）
3　分別車縫表袖片的肩線・貼邊與背裡的肩線（縫份倒向後身側）（→P.72）
4　縫合表身片與襯領（燙開縫份）。縫合貼邊背裡與外領（前領圍燙開縫份，後領圍縫份倒向身片側）（→P.72）
5　將身片與貼邊、外領與襯領正面對疊進行回針縫，並車縫領圍（→P.72）
6　於袖口處製作開叉（→P.73）
7　接縫袖片（三片一起進行Z字形車縫，縫份倒向身片側）（→P.79）
8　縫合袖下・脇邊（兩片一起進行Z字形車縫，縫份倒向後身側）（→P.79）
9　於袖口處接縫袖口布（→P.59、73）
10　將下襬三摺邊車縫，接著進行前端＆領片的車縫（→P.73）
11　製作釦眼，接縫鈕釦。翻領（下領片）前端開平頭釦眼（僅限釦眼車縫）（→P.73）

細節說明

襯衫的版型輪廓，裁剪成外觀呈現代感且時尚的樣式，衣長亦如外觀簡單短小。領片、翻領、袖口布使用帶有蓬鬆感的黏著襯。口袋為給人休閒印象的三個貼袋造型的設計。僅限後背的上部接縫內裡。車縫線使用粗紡支數30支的精紡紗（短纖強撚紗），針距範圍為3cm內車縫18針達標準。

材料

軍用格紋粗厚呢＝148cm 寬S・M為2.2m、L・XL・XXL為2.3m
厚型亞麻Heavy Linen（海軍藍）＝116cm寬S・M為2.4m、L・XL・XXL為2.5m
裡布＝90cm寬 30cm
黏著襯（前衣身・貼邊・外領・襯領・胸前口袋・腰間口袋・表袖口布）＝90cm寬 1.4m
鈕釦＝直徑21mm（粗厚呢）・23mm（亞麻）2顆（襯衫正面）・直徑19mm（粗厚呢）・15mm（亞麻）2顆（袖口布）

完成尺寸表

（單位cm）

	S	M	L	XL	XXL
衣長	67	69	71	73	75
肩寬	41.6	42.8	44	45.2	46.4
袖長	59.5	61.5	63.5	64.5	65.5
肩袖長	80.3	82.9	85.5	87.1	88.7
胸圍	102	106	110	114	118
腰圍	95	99	103	107	111
袖口寬	22.5	23	23.5	24	24.5

裁布圖請參照P.73

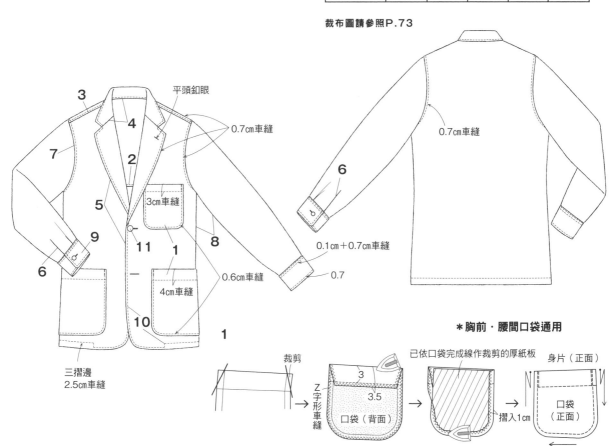

平頭釦眼
0.7cm車縫
3cm車縫
4cm車縫
0.6cm車縫
三摺邊 2.5cm車縫
0.7cm車縫
0.1cm＋0.7cm車縫
0.7

＊胸前・腰間口袋通用

裁剪
Z字形車縫
3
3.5
口袋（背面）
已依口袋完成線作裁剪的厚紙板
摺入1cm
身片（正面）
口袋（正面）

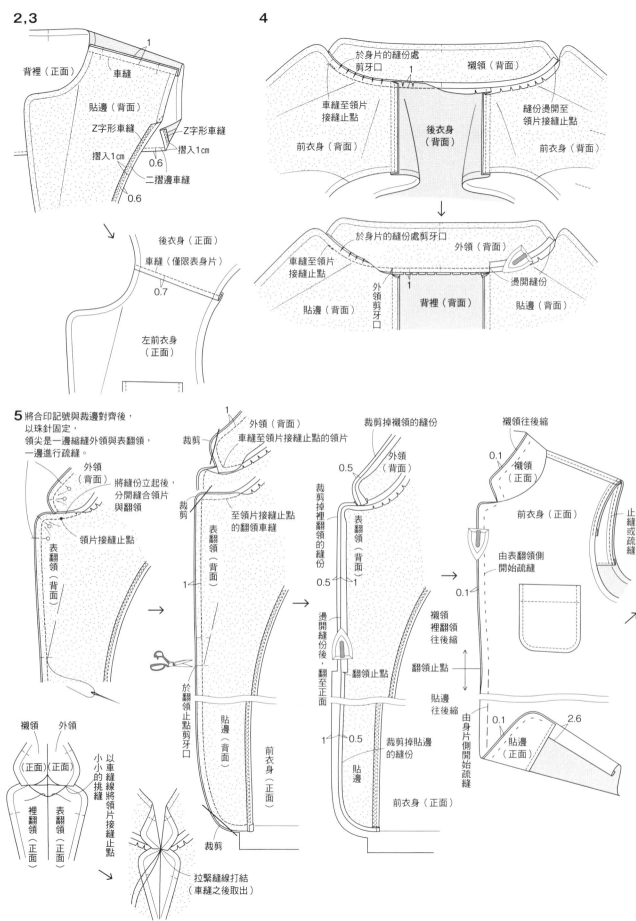

2,3

背裡（正面）
車縫
1
貼邊（背面）
Z字形車縫
摺入1cm
0.6
二摺邊車縫
0.6
Z字形車縫
摺入1cm

後衣身（正面）
車縫（僅限表身片）
0.7
左前衣身（正面）

4

於身片的縫份處剪牙口
1
襯領（背面）
車縫至領片接縫止點
縫份燙開至領片接縫止點
前衣身（背面）
後衣身（背面）
前衣身（背面）

於身片的縫份處剪牙口
車縫至領片接縫止點
外領（背面）
燙開縫份
貼邊（背面）
外領剪牙口
背裡（背面）
貼邊（背面）

5 將合印記號與裁邊對齊後，以珠針固定，領尖是一邊縮縫外領與表翻領，一邊進行疏縫。

外領（背面）
將縫份立起後，分開縫合領片與翻領
領片接縫止點
表翻領（背面）

襯領　外領
（正面）（正面）
裡翻領（正面）
表翻領（正面）

以車縫線將領片接縫止點小小的挑縫

拉緊縫線打結（車縫之後取出）

1
外領（背面）
裁剪
車縫至領片接縫止點的領片
裁剪
至領片接縫止點的翻領車縫
表翻領（背面）
1
於翻領止點剪牙口
貼邊（背面）
前衣身（正面）
裁剪

裁剪掉襯領的縫份
外領（背面）
0.5
裁剪掉裡翻領的縫份
表翻領（背面）
0.5
1
燙開縫份後，翻至正面
翻領止點
1
0.5
裁剪掉貼邊的縫份
貼邊
前衣身（正面）

襯領往後縮
0.1
襯領（正面）
前衣身（正面）
止縫或疏縫
由表翻領側開始疏縫
0.1
襯領裡翻領往後縮
翻領止點
貼邊往後縮
由身片側開始疏縫
0.1
2.6
貼邊（正面）

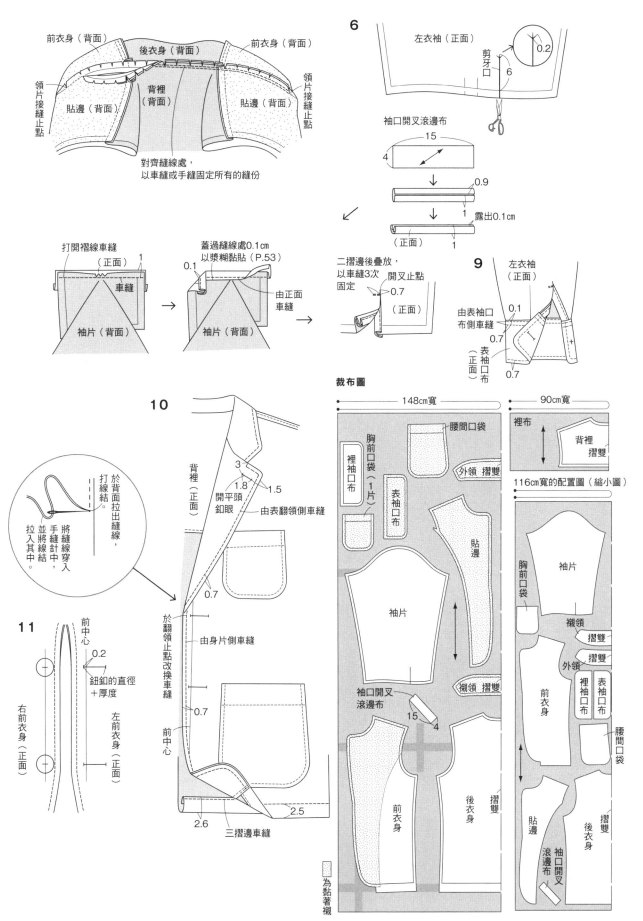

前衣身（背面）　　後衣身（背面）　　前衣身（背面）

領片接縫止點　　貼邊（背面）　　背裡（正面）　　貼邊（背面）　　領片接縫止點

對齊縫線處，
以車縫或手縫固定所有的縫份

6

左衣袖（正面）

剪牙口

0.2

6

袖口開叉滾邊布

15

4

0.9

露出0.1cm

1

（正面）

1

二摺邊後疊放，
以車縫3次
固定

開叉止點

0.7

（正面）

9

左衣袖
（正面）

0.1

由表袖口
布側車縫

0.7

表
袖
口
布
（
正
面
）

0.7

打開褶線車縫

（正面）

1

車縫

袖片（背面）

蓋過縫線處0.1cm
以漿糊黏貼（P.53）

0.1

由正面
車縫

袖片（背面）

10

於背面拉出縫線，
打線結。

將縫線穿入
手縫針中，
並將線結
拉入其中。

背裡
（正面）

3

1.8

1.5

開平頭
釦眼

由表翻領側車縫

0.7

於翻領
止點改
換車縫

由身片側車縫

0.7

前中心

11

前中心

0.2

鈕釦的直徑
＋厚度

右前衣身
（正面）

左前衣身
（正面）

2.6

三摺邊車縫

2.5

裁布圖

148cm寬

腰間口袋

裡袖口布

胸前口袋

外領 摺雙

表袖口布

貼邊

袖片

袖口開叉
滾邊布

15

4

前衣身

後衣身

摺雙

襯領 摺雙

90cm寬

裡布

背裡
摺雙

116cm寬的配置圖（縮小圖）

袖片

胸前口袋

襯領

摺雙

外領

摺雙

裡袖口布

表袖口布

前衣身

後衣身

貼邊

袖口開叉
滾邊布

腰間口袋

摺雙

為黏著襯

73

素材

泡泡紗是19世紀於印度的加爾各答作為英國人的夏服布料，原本設計為條紋狀起皺的絲質素材，之後，到了1935年前後，為美國的原料商用來代替棉布販售。具有凹凸美感的皺褶表面，是相當涼爽的夏季材質。

作法

準備…於前衣身・貼邊・外領・襯領・口袋・表袖口布上黏貼黏著襯
　　（→P.51）。
　　　於貼邊的末端・口袋的周圍・背裡的下襬處進行Z字形車縫。

1　接縫胸前・腰間口袋（→P.71）
2　縫合外領的後中心，將貼邊的末端二摺邊車縫
3　將背裡的下襬二摺邊車縫
4　疊放上背裡的肩線，三片一起車縫（縫份倒向後身側）
5　縫合表身片與襯領
6　將身片與貼邊・外領與襯領正面對疊進行回針縫。將外領縫合固定於領圍與身片處
7　於袖口處製作開叉（→P.73）
8　接縫袖片（三片一起進行Z字形車縫，縫份倒向身片側）
　　（→P.79）
9　縫合袖下・脇邊（兩片一起進行Z字形車縫，縫份倒向後身側）
　　（→P.79）
10　於袖口處接縫袖口布（→P.59・73）
11　將下襬三摺邊車縫，接著進行前端＆領片的車縫（→P.73）
12　製作釦眼，接縫鈕釦（→P.73）

細節說明

版型輪廓、襯布、口袋設計、內裡皆與TAILORED G相同。鈕釦則使用與泡泡紗屬性良好的天然珠貝鈕釦。

材料

泡泡紗條紋布 薩克斯藍＝116cm 寬S・M為2.5m、L・XL・XXL
為2.6m
裡布＝90cm寬 30cm
黏著襯（前衣身・貼邊・襯領・胸前口袋・腰間口袋・表袖口布）
＝90cm寬 1.4m
鈕釦＝直徑19mm4顆（襯衫正面・袖口布）

完成尺寸表　　　　　　　　　　　　　　　　　　（單位cm）

	S	M	L	XL	XXL
衣長	67	69	71	73	75
肩寬	41.6	42.8	44	45.2	46.4
袖長	59.5	61.5	63.5	64.5	65.5
肩袖長	80.3	82.9	85.5	87.1	88.7
胸圍	102	106	110	114	118
腰圍	95	99	103	107	111
袖口寬	22.5	23	23.5	24	24.5

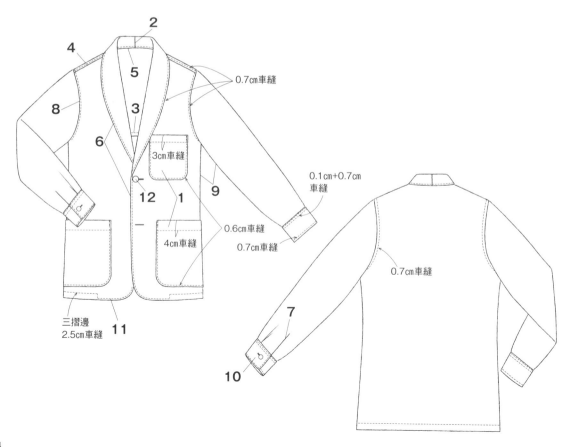

0.7cm車縫

0.1cm+0.7cm
車縫

3cm車縫

0.6cm車縫

4cm車縫

0.7cm車縫

0.7cm車縫

三摺邊
2.5cm車縫

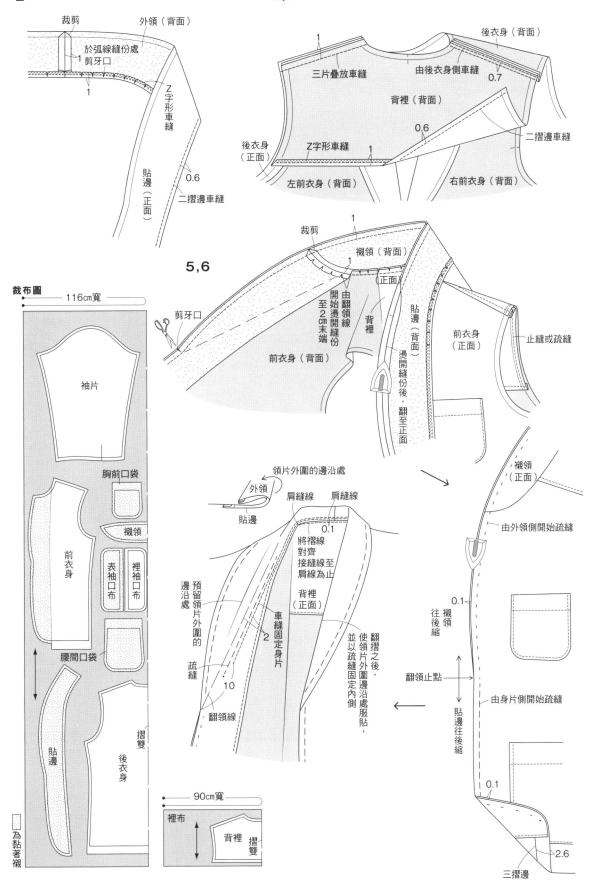

2

裁剪
外領（背面）
於弧線縫份處
剪牙口
1
Z字形車縫
貼邊（正面）
0.6
二摺邊車縫

3,4

1
三片疊放車縫
由後衣身側車縫
後衣身（背面）
0.7
背裡（背面）
0.6
後衣身（正面）
Z字形車縫
1
二摺邊車縫
左前衣身（背面）
右前衣身（背面）

5,6

裁剪
1
襯領（背面）
1
正面
開始燙開縫份
至2cm末端
由翻領線
剪牙口
背裡
貼邊（背面）
燙開縫份後，翻至正面
前衣身（正面）
止縫或疏縫
前衣身（背面）

領片外圍的邊沿處
外領
肩縫線
肩縫線
貼邊
0.1
將褶線對齊接縫線至肩線為止
背裡（正面）
邊沿處
預留領片外圍的疏縫
車縫固定身片
翻摺之後，使領片外圍邊沿處服貼，並以疏縫固定內側
2
翻領線
10

襯領（正面）
由外領側開始疏縫
0.1
襯領往後縮
翻領止點
由身片側開始疏縫
貼邊往後縮
0.1
2.6
三摺邊

裁布圖

116cm寬

袖片
胸前口袋
襯領
前衣身
表袖口布
裡袖口布
腰間口袋
貼邊
後衣身
摺雙

□ 為黏著襯

90cm寬
裡布
背裡
摺雙

素材

淺駝色素面襯衫、迷彩襯衫皆使用絲光斜紋棉布，為棉質的斜紋織布，原本於19世紀中期為英國陸軍採用，之後，也被美國陸軍廣泛使用。作為下身穿著的Chino褲型，是眾人熟悉的布料。迷彩襯衫則為美軍所使用被稱為叢林迷彩圖案的花紋。

作法

準備…於表上領・表領台・表袖口布上黏貼黏著襯（→P.51）。
　　　　於口袋周圍進行Z字形車縫。

1　進行前端布邊的處理（→P.52）
2　接縫胸前口袋（→P.82）
3　進行下襬布邊的處理（→P.54）
4　摺疊後衣身的褶襉，並以表剪接與裡剪接包夾著身片縫合。
5　製作領片，接縫上去（→P.55）
6　製作肩章，接縫於身片的肩線上。
7　於袖口處製作劍形袖衩（→P.57）
8　接縫袖片（縫份倒向身片側，包邊縫）（→P.82）
9　縫合袖下・脇邊（→P.59）
10　於袖口處接縫袖口布（→P.59）
11　於脇邊下襬接縫側身補強舌片（→P.70）
12　製作釦眼，接縫鈕釦（→P.60）

細節說明

襯衫的版型輪廓，裁剪成外觀呈現代感且時尚的樣式。由於希望作成外搭式襯衫來穿，因此衣長設定較短。只要選擇較為強韌堅挺的布料，在無襯布的情況下，洗滌過後的樣貌也會非常自然。車縫線使用粗紡支數30支的精紡紗（短纖強撚紗），針距範圍為3cm內車縫18針達標準。

材料

軍裝斜紋布（MILITARY TWILL）＝146cm 寬S・M為2.1m、L・XL・XXL為2.2m
軍裝斜紋布（MILITARY TWILL）迷彩＝112cm 寬S・M為2.5m、L・XL・XXL為2.6m
黏著襯（表上領・表領台・表袖口布）＝90cm寬 60cm
鈕釦＝直徑13mm15顆（襯衫正面・領台・袖口布・袋蓋・肩章）

完成尺寸表

（單位cm）

	S	M	L	XL	XXL
領圍尺寸	38	39.5	41	42.5	44
衣長	70	72	74	76	78
肩寬	41.6	42.8	44	45.2	46.4
袖長	59.5	61.5	63.5	64.5	65.5
肩袖長	80.3	82.9	85.5	87.1	88.7
胸圍	102	106	110	114	118
腰圍	93	97	101	105	109
下襬圍	98.7	102.7	106.7	110.7	114.7
袖口寬	21.5	22	22.5	23	23.5

112cm寬的裁布圖配置請參照P.82

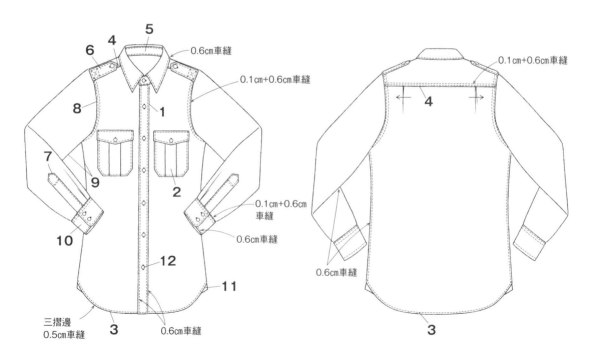

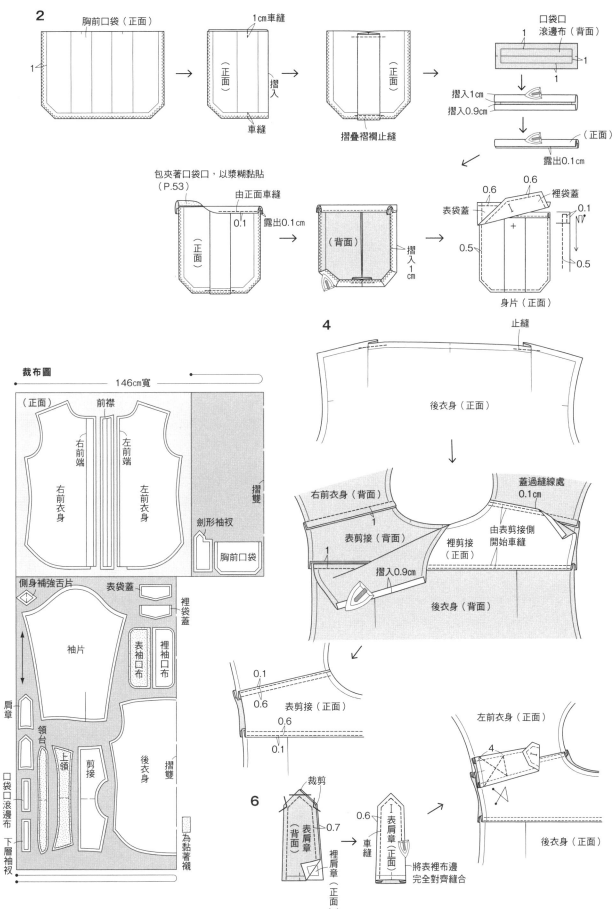

2

胸前口袋（正面）

1cm車縫

（正面）

摺入

車縫

摺疊褶襇止縫

口袋口
滾邊布（背面）

摺入1cm
摺入0.9cm

（正面）

露出0.1cm

包夾著口袋口，以漿糊黏貼
（P.53）

由正面車縫

（正面）

0.1

露出0.1cm

（背面）

摺入1cm

0.6   0.6

表袋蓋   裡袋蓋

0.1

0.5

0.5

身片（正面）

4

止縫

後衣身（正面）

右前衣身（背面）

蓋過縫線處
0.1cm

表剪接（背面）

1

裡剪接（正面）

由表剪接側開始車縫

1

摺入0.9cm

後衣身（背面）

0.1

0.6

表剪接（正面）

0.6

0.1

左前衣身（正面）

4

後衣身（正面）

6

裁剪

表肩章（背面）

0.7

裡肩章（正面）

0.6

表肩章（正面）

車縫

將表裡布邊完全對齊縫合

裁布圖

146cm寬

（正面）   前襟

右前端   左前端

右前衣身   左前衣身

摺雙

劍形袖衩

胸前口袋

側身補強舌片

表袋蓋

裡袋蓋

袖片

表袖口布   裡袖口布

肩章

領台

上領   剪接

後衣身

摺雙

口袋口滾邊布

下層袖衩

為黏著襯

素材

使用90%羊毛10%尼龍的麥爾登羊毛呢。編織成布後，使其強化縮絨的羊毛織物，表面毛絨縮短無織紋，且具厚實感，因此不易變形，是極富防風、防寒性的冬季外衣素材。

作法

準備…於表上領・表領台・表袖口布上黏貼黏著襯（→P.51）。於下襬・口袋周圍進行Z字形車縫。

1　進行前端布邊的處理
2　接縫胸前口袋
3　分別將前後衣身的下襬進行二摺邊車縫
4　以表剪接與裡剪接包夾著身片縫合（→P.77）
5　製作領片，接縫上去（→P.55）
6　於袖口處製作劍形袖衩（→P.57）
7　接縫袖片（兩片一起進行Z字形車縫，縫份倒向身片側）
8　縫合袖下・脇邊（兩片一起進行Z字形車縫。縫份倒向後身側）
9　於袖口處接縫袖口布（→P.59）
10　於脇邊下襬接縫側身補強舌片。
11　製作釦眼，接縫鈕釦（→P.60）

細節說明

襯衫的版型輪廓，裁剪成外觀呈現代感且時尚的樣式。雖算是外衣，但作為由襯衫的延伸版，作法相對簡單。衣長較短，可當作外搭襯衫穿著。由於布料厚實，因此即便無襯布也沒問題。建議使用帶有美國海軍船錨圖案的鈕釦。車縫線使用粗紡支數20支的精紡紗（短纖強撚紗），針距範圍為3cm內車縫18針達標準。

材料

麥爾登羊毛呢（Melton Wool）海軍藍＝143cm 寬1.8m（全尺寸通用）
黏著襯（表上領・表領台・表袖口布）＝90cm寬 60cm
鈕釦＝直徑18mm8顆（襯衫正面・袖口布・口袋）・直徑15mm1顆（領台）

完成尺寸表　　　　　　　　　　　　　　　　　　（單位cm）

	S	M	L	XL	XXL
領圍尺寸	39	40.5	42	43.5	45
J的衣長	70	72	74	76	78
N的衣長	68	70	72	74	76
肩寬	41.6	42.8	44	45.2	46.4
袖長	59.5	61.5	63.5	64.5	65.5
肩袖長	80.3	82.9	85.5	87.1	88.7
胸圍	102	106	110	114	118
腰圍	95	99	103	107	111
下襬圍	98	102	106	110	114
袖口寬	22.5	23	23.5	24	24.5

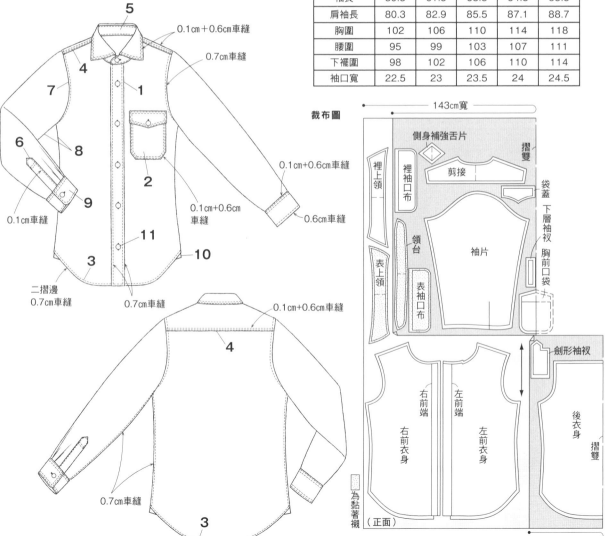

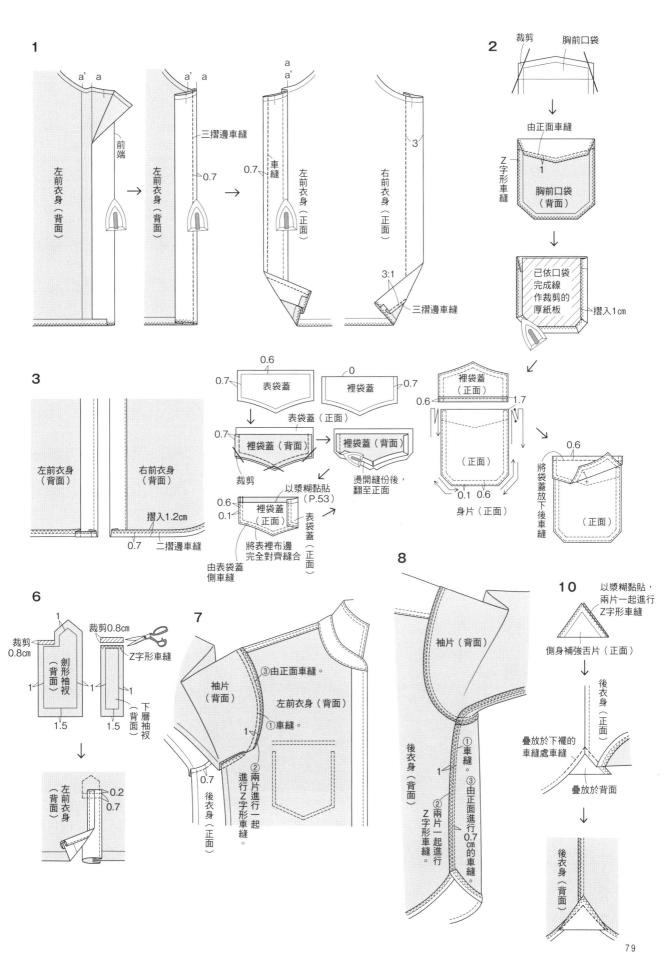

1

三摺邊車縫

左前衣身（背面）

前端

a' a

a' a

0.7

左前衣身（背面）

車縫

0.7

左前衣身（正面）

a

a'

3

右前衣身（正面）

0.7

3:1

三摺邊車縫

2

裁剪　胸前口袋

由正面車縫

Z字形車縫

1

胸前口袋（背面）

已依口袋完成線作裁剪的厚紙板

摺入1cm

3

左前衣身（背面）

右前衣身（背面）

摺入1.2cm

0.7

二摺邊車縫

0.6

0.7

表袋蓋

0

裡袋蓋

0.7

表袋蓋（正面）

0.7

裡袋蓋（背面）

裡袋蓋（背面）

裁剪

燙開縫份後，翻至正面

以漿糊黏貼（P.53）

0.6

0.1

裡袋蓋（正面）

表袋蓋（正面）

由表袋蓋側車縫

將表裡布邊完全對齊縫合

裡袋蓋（正面）

0.6

1.7

0.6

0.1

身片（正面）

（正面）

0.1　0.6

0.6

將袋蓋放下後車縫

（正面）

6

裁剪0.8cm

1

劍形袖衩（背面）

1　1

1.5

裁剪0.8cm

Z字形車縫

1

下層袖衩（背面）

1

1.5

左前衣身（背面）

0.2

0.7

7

袖片（背面）

③由正面車縫。

左前衣身（背面）

1

①車縫。

0.7

後衣身（正面）

②兩片進行一起進行Z字形車縫。

8

袖片（背面）

①車縫。

1

後衣身（背面）

②兩片一起進行Z字形車縫。

③由正面進行0.7cm的車縫。

10

以漿糊黏貼，兩片一起進行Z字形車縫

側身補強舌片（正面）

後衣身（正面）

疊放於下襬的車縫處車縫

疊放於背面

後衣身（背面）

79

素材

以經典復古風的粗麻線，密實織成的亞麻帆布素材。歷經洗滌過後，散發出更為有趣的凹凸材質美感的氛圍。

作法

準備…於外領黏貼黏著襯（→P.51）。於貼邊末端・口袋周圍進行Z字形車縫。

1　接縫胸前口袋（→P.77）
2　將貼邊的末端進行二摺邊車縫，並以表剪接與裡剪接包夾著身片縫合。不過，由於裡剪接的前側是由背面包夾著貼邊，因此請事先進行疏縫（→P.66）
3　製作領片，接縫上去（→P.66）
4　製作肩章，接縫於身片的肩線上（→P.77）
5　袖口進行三摺邊車縫
6　接縫袖片（縫份倒向身片側，包邊縫）（→P.82）
7　縫合袖下・脇邊至開叉止點，縫製側開叉（縫份倒向後身側，包邊縫）（→P.67）
8　將下襬作三摺邊車縫
9　製作釦眼，接縫鈕釦（→P.60）

細節說明

可於穿著時露出下襬的直身剪裁。由於布料堅實牢固，因此就算無貼襯，洗濯過後的表情也帶出自然的良好質感。天然材質的水牛角釦，只要經過蒸汽熨斗整燙，顏色會稍微泛白，別有一番韻味，正好與布料的氛圍相似。車縫線使用粗紡支數30支的精紡紗，針距範圍為3cm內車縫18針達標準。

材料

厚亞麻布（淺駝色）＝116cm 寬S・M為2m、L・XL・XXL為2.1m
黏著襯（外領）＝20×60cm
鈕釦＝直徑13mm9顆（襯衫正面・肩章・口袋）

完成尺寸表

（單位cm）

	S	M	L	XL	XXL
領圍尺寸	38	39.5	41	42.5	44
衣長	68	70	72	74	76
肩寬	41.6	42.8	44	45.2	46.4
半袖長	23.5	24	24.5	25	25.5
肩袖長	44.3	45.4	46.5	47.6	48.7
胸圍	102	106	110	114	118
腰圍	93	97	101	105	109
下襬圍	98.8	102.8	106.8	110.8	114.8
袖口寬	33	34	35	36	37

素材

白色素面襯衫與藍白色條紋襯衫，兩者皆使用高密度織成的平織帆布。

細節說明

襯衫的版型輪廓，裁剪成外觀呈現代感且看起來時髦的樣式。鈕釦則選用明亮且略帶厚度的珠貝鈕釦，與襯衫非常相稱。為了於白色素面襯衫作出海軍風的印象，故以海軍藍的車縫加以縫製而成。車縫線使用粗紡支數30支的精紡紗，針距範圍為3cm內車縫18針達標準。

作法

準備…於表上領・表領台・表袖口布上黏貼黏著襯（→P.51）。於口袋周圍進行Z字形車縫。

1　進行前端布邊的處理（→P.64）
2　接縫胸前口袋（→P.82）
3　進行下襬布邊的處理（→P.54）
4　摺疊後衣身的褶襉，並以表剪接與裡剪接包夾著身片縫合（→P.77）
5　製作領片，接縫上去（→P.55、82）
6　於袖口處製作劍形袖衩（→P.57）
7　接縫袖片（縫份倒向身片側，包邊縫）（→P.82）
8　縫合袖下・脇邊（→P.59）
9　於袖口處接縫袖口布（→P.59）
10　於脇邊下襬接縫側身補強舌片（→P.70）
11　製作釦眼，接縫鈕釦（→P.60）

材料

白色素面帆布＝114cm 寬S・M為2.2m、L・XL・XXL為2.3m
藍白條紋帆布＝114cm 寬S・M為2.2m、L・XL・XXL為2.3m
黏著襯（表上領・表領台・表袖口布）＝90cm寬60cm
鈕釦＝直徑13mm9顆（襯衫正面・表領台・袖口・口袋）

完成尺寸表

（單位cm）

	S	M	L	XL	XXL
領圍尺寸	38	39.5	41	42.5	44
衣長	69	71	73	75	77
肩寬	41.6	42.8	44	45.2	46.4
袖長	59.5	61.5	63.5	64.5	65.5
肩袖長	80.3	82.9	85.5	87.1	88.7
胸圍	102	106	110	114	118
腰圍	96	100	104	108	112
下襬圍	102	106	110	114	118
袖口寬	21.5	22	22.5	23	23.5

裁布圖

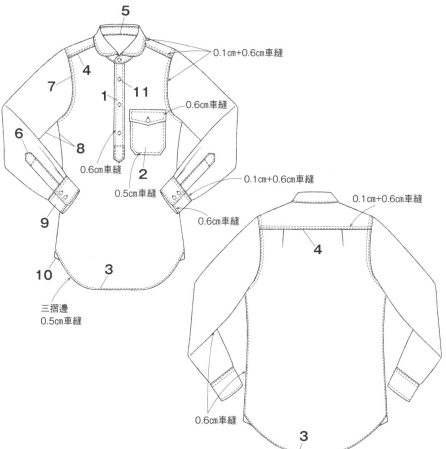

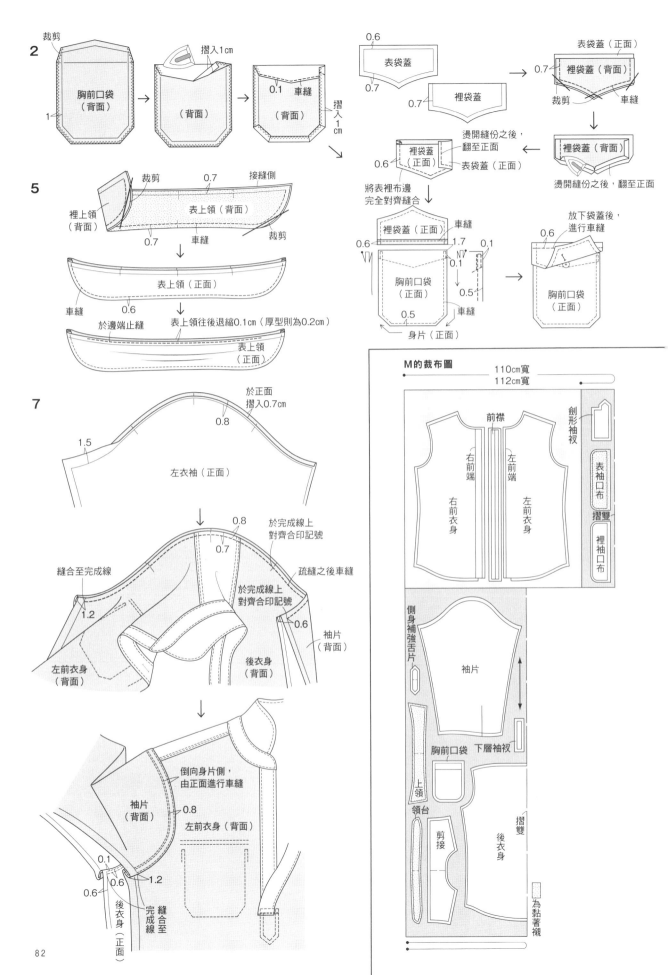

2

裁剪
胸前口袋（背面）
1

摺入1cm
（背面）

0.1　車縫
（背面）
摺入1cm

0.6
表袋蓋
0.7
0.7

表袋蓋（正面）
0.7　裡袋蓋（背面）
裁剪　車縫

裡袋蓋

裡袋蓋（背面）
燙開縫份之後，翻至正面

0.6　裡袋蓋（正面）
表袋蓋（正面）
燙開縫份之後，翻至正面

將表裡布邊完全對齊縫合

裡袋蓋（正面）　車縫
0.6　　1.7
0.1
0.1
胸前口袋（正面）
0.5
0.5　車縫
身片（正面）

放下袋蓋後，進行車縫
0.6
胸前口袋（正面）

5

裁剪　0.7　接縫側
裡上領（背面）
表上領（背面）
0.7　車縫　裁剪

表上領（正面）

車縫　0.6
於邊端止縫　表上領往後退縮0.1cm（厚型則為0.2cm）

表上領（正面）

7

於正面摺入0.7cm
0.8
1.5
左衣袖（正面）

0.8
於完成線上對齊合印記號
0.7
疏縫之後車縫
縫合至完成線
1.2
於完成線上對齊合印記號
0.6　袖片（背面）
左前衣身（背面）　後衣身（背面）

倒向身片側，由正面進行車縫
袖片（背面）　0.8
左前衣身（背面）
0.1
0.6　1.2
0.6
後衣身（正面）
完成線　縫合至完成線

M的裁布圖

110cm寬
112cm寬

前襟　劍形袖衩
右前端　左前端
右前衣身　左前衣身
表袖口布
摺雙
裡袖口布

側身補強舌片
袖片
胸前口袋　下層袖衩
上領
領台
剪接
後衣身
摺雙
為黏著襯

82

素材

經線白色，緯線則使用靛藍染料染成的紡線，平織交錯而成的織物。與丹寧布料相同，顏色會隨著穿著次數逐漸褪色，成為個人獨有的一件單品，相當令人愛不釋手。印花大手帕風的佩斯利渦紋圖案，是以靛藍染料進行印花，之後再行拼接，是一款非常精巧複雜的布料。此款布料在印度製成，也罕見於印度之外的國家製作。與丹寧布料相同，隨著穿著次數的頻繁，越能顯現出褪色的風味。

作法

準備…於表上領・表領台・表袖口布上黏貼黏著襯（→P.51）

1　進行前端布邊的處理（→P.52）
2　接縫胸前口袋
3　進行下襬布邊的處理（→P.54）
4　摺疊後衣身的褶襴，並以表剪接與裡剪接包夾著身片縫合（→P.77）
5　製作領片，接縫上去（→P.55）
6　於袖口處製作劍形袖衩（→P.57）
7　接縫袖片（縫份倒向身片側，包邊縫）（→P.82）
8　縫合袖下・脇邊（→P.59）
9　於袖口處接縫袖口布（→P.59）
10　於脇邊下襬接縫側身補強舌片
11　製作釦眼，接縫鈕釦（→P.60）

細節說明

襯衫的版型輪廓，裁剪成外觀呈現代感且看起來時尚的樣式，雖然設定為衣長較短，但脇邊的位置並不會太短，即便塞進褲子裡，也不會露出襯衫下襬。車縫線以灰白色進行配色，並使用粗紡支數30支的精紡紗，針距範圍為3cm內車縫18針達標準。

材料

斑染斜紋粗棉布＝110cm 寬S・M為2.4m、L・XL・XXL為2.5m
靛藍大塊印染花紋拼布＝112cm 寬S・M為2.4m、L・XL・XXL為2.5m
黏著襯（表上領・表領台・表袖口布）＝90cm寬60cm
鈕釦＝直徑11.5mm12顆（襯衫正面・領台・袖口・口袋・劍形袖衩）

完成尺寸表　　　　　　　　　　　　　（單位cm）

	S	M	L	XL	XXL
領圍尺寸	38	39.5	41	42.5	44
衣長	70	72	74	76	78
肩寬	41.6	42.8	44	45.2	46.4
袖長	59.5	61.5	63.5	64.5	65.5
肩袖長	80.3	82.9	85.5	87.1	88.7
胸圍	102	106	110	114	118
腰圍	95	99	103	107	111
下襬圍	98.7	102.7	106.7	110.7	114.7
袖口寬	21.5	22	22.5	23	23.5

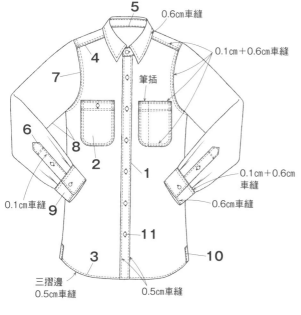

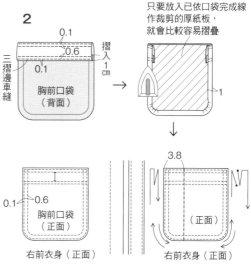

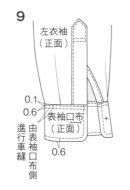

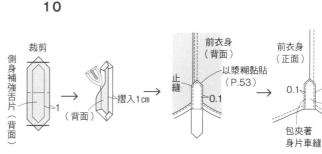

83

素材

使用90％羊毛10％尼龍的麥爾登羊毛呢。紡織成布後，使其強化縮絨的羊毛織物，表面毛絨縮短無織紋，且具厚實感，因此不易變形，是極富防風、防寒性的冬季外衣素材。

作法

準備…於表上領‧表領台‧表袖口布上黏貼黏著襯（→P.51）。於脇邊‧袖下‧下襬‧口袋周圍進行Z字形車縫。

1　進行前端布邊的處理（→P.79）
2　接縫胸前‧腰間口袋（→P.79）
3　以表剪接與裡剪接包夾著身片縫合（→P.77）
4　製作領片，接縫上去（→P.55）
5　接縫護肘（→P.87）
6　於袖口處製作劍形袖衩（→P.57、79）
7　接縫袖片（兩片一起進行Z字形車縫，縫份倒向身片側）（→P.79）
8　縫合袖下‧脇邊至開叉止點（燙開縫份）
9　將下襬進行二摺邊車縫
10　於脇邊縫製開叉
11　於袖口處接縫袖口布（→P.59‧83）
12　製作釦眼，接縫鈕釦（→P.60）
　　於口袋接縫金屬四合釦

細節說明

襯衫的版型輪廓，裁剪成外觀呈現代感且看來時尚的樣式。雖為外衣剪裁，卻是從襯衫衍生而來的簡約式樣。衣長屬於短版工作外套風。鈕釦則帶有堅果製鈕釦的天然素材色澤，看起來相當美觀。口袋則縫製上金屬四合釦。車縫線使用粗紡支數20支的精紡紗，針距範圍為3cm內車縫18針達標準。

材料

麥爾登羊毛呢＝143cm 寬2m（全尺寸通用）
黏著襯（表上領‧表領台‧表袖口布）＝90cm 寬60cm
鈕釦＝直徑18mm7顆（襯衫正面‧袖口布）
　　　直徑15mm1顆（領台）
金屬四合釦＝BN DUO 4顆（袋蓋）

完成尺寸表與P.78相同

裁布圖

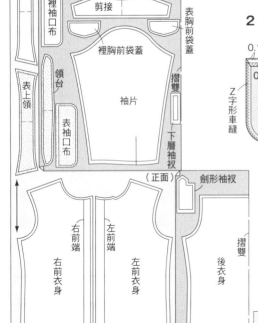

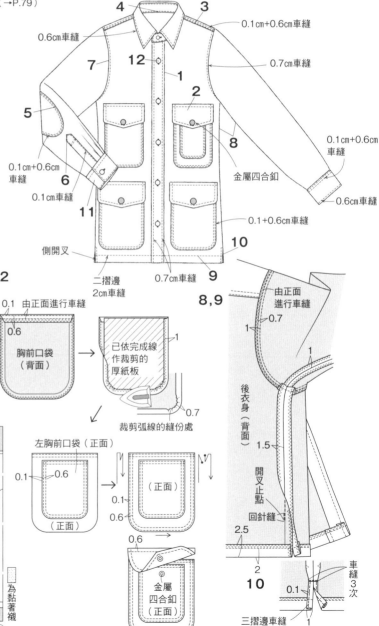

素材

於條紋部分運用了靛藍染線交織而成的經典復古風條紋素材，屬於100%棉質的平紋織物。在領片的配布方面，則使用100%天然色澤的麻布素材。

細節說明

襯衫的版型輪廓，裁剪成外觀呈現代感且看起來時尚的樣式。雖然設定為衣長較短，但脇邊的位置並不會太短，即便塞進褲子裡，也不會露出襯衫下襬。車縫線使用粗紡支數30支的精紡紗，針距範圍為3cm內車縫18針達標準。

作法

準備…於表上領・表袖口布上黏貼黏著襯（→P.51）

1　分別將前後衣身的下襬進行三摺邊車縫（→P.86）
2　進行前端布邊的處理（→P.86）
3　接縫胸前口袋（→P.83）
4　摺疊後衣身的褶襉，並以表剪接與裡剪接包夾著身片縫合（→P.77）
5　製作領片，接縫上去（→P.86）
6　於袖口處製作劍形袖衩（→P.57）
7　接縫袖片（縫份倒向身片側，包邊縫）（→P.82）
8　縫合袖下・脇邊（→P.59）
9　於袖口處接縫袖口布（→P.59・83）
10　於脇邊下襬接縫側身補強舌片（→P.83・86）
11　製作釦眼，接縫鈕釦（→P.60）

材料

靛藍大塊印染花紋拼布＝112cm 寬S・M為2.3m、L・XL・XXL為2.4m
淺駝色亞麻布（領片）＝20×60cm
黏著襯（外領・表袖口布）＝90cm寬60cm
鈕釦＝直徑11.5mm11顆（襯衫正面・領片・袖口布・口袋・劍形袖衩）

完成尺寸表

（單位cm）

	S	M	L	XL	XXL
領圍尺寸	38	39.5	41	42.5	44
衣長	70	72	74	76	78
肩寬	41.6	42.8	44	45.2	46.4
袖長	59.5	61.5	63.5	64.5	65.5
肩袖長	80.3	82.9	85.5	87.1	88.7
胸圍	102	106	110	114	118
腰圍	95	99	103	107	111
下襬圍	98.7	102.7	106.7	110.7	114.7
袖口寬	21.5	22	22.5	23	23.5

裁布圖
表布

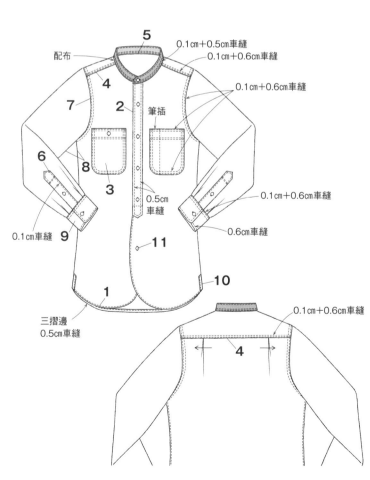

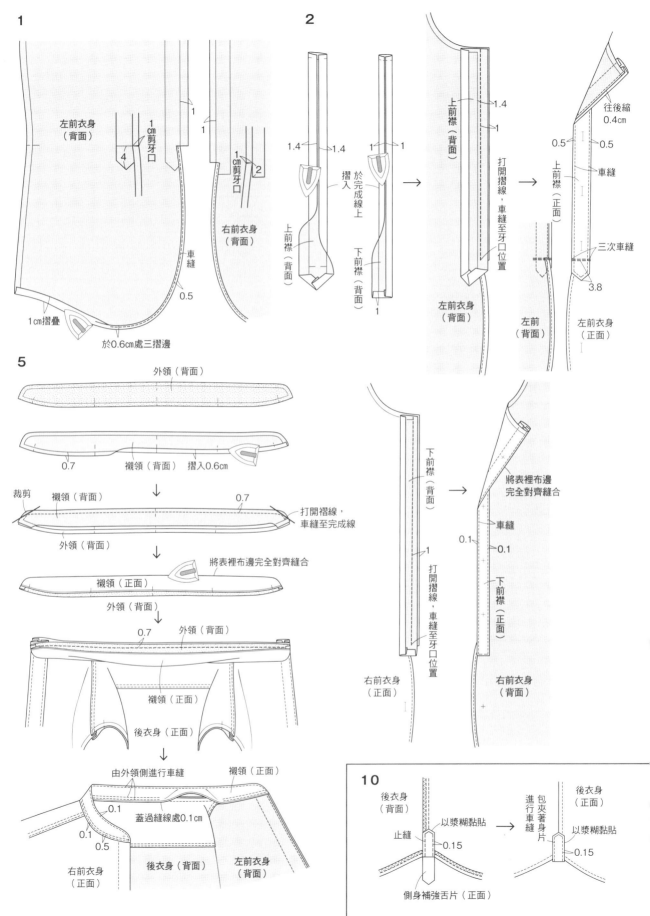

1

左前衣身（背面）

1cm剪牙口

1cm剪牙口

4

2

右前衣身（背面）

車縫

0.5

1cm摺疊

於0.6cm處三摺邊

2

1.4　　1.4

1.4　　1.4

1　　1

1　　1

上前襟（背面）

摺入

於完成線上

下前襟（背面）

1

上前襟（背面）

1.4

1

打開摺線，車縫至牙口位置

左前衣身（背面）

往後縮0.4cm

0.5　　0.5

車縫

上前襟（正面）

三次車縫

3.8

左前（背面）

左前衣身（正面）

5

外領（背面）

襯領（背面）

0.7

襯領（背面）　摺入0.6cm

裁剪

襯領（背面）

0.7

外領（背面）

打開褶線，車縫至完成線

襯領（正面）

外領（背面）

將表裡布邊完全對齊縫合

0.7

外領（背面）

襯領（正面）

後衣身（正面）

由外領側進行車縫

襯領（正面）

蓋過縫線處0.1cm

0.1

0.1

0.5

右前衣身（正面）

後衣身（背面）

左前衣身（背面）

下前襟（背面）

打開摺線，車縫至牙口位置

1

右前衣身（正面）

將表裡布邊完全對齊縫合

車縫

0.1

0.1

下前襟（正面）

右前衣身（背面）

10

後衣身（背面）

止縫

以漿糊黏貼

0.15

側身補強舌片（正面）

進行包夾著身片車縫

後衣身（正面）

以漿糊黏貼

0.15

素材

哈里斯毛料是於18世紀左右，在蘇格蘭島西北部的哈里斯島＆路易斯島誕生。是帶有粗糙質感的天然布料，同時兼具優異保濕特性與防水機能的絕佳素材。素面襯衫與蘇格蘭格紋襯衫皆使用哈里斯毛料。

作法

準備⋯於表上領・表領台・表袖口布・口袋・表袋蓋上黏貼黏著襯（→P.51）。於下襬・口袋周圍進行Z字形車縫。

1　進行前端布邊的處理（→P.79）
2　接縫胸前口袋（→P.79）
3　分別將前後衣身的下襬進行二摺邊車縫（→P.79）
4　縫合表剪接與身片（縫份倒向剪接側）。以藏針縫接縫上裡剪接
5　製作領片，接縫上去（→P.55）
6　接縫護肘。
7　於袖口處製作劍形袖衩（→P.57・79）
8　接縫袖片（兩片一起進行Z字形車縫，縫份倒向身片側）（→P.79）
9　縫合袖下・脇邊（兩片一起進行Z字形車縫。縫份倒向後身側）（→P.79）
10　於袖口處接縫袖口布（→P.59・83）
11　於脇邊下襬接縫側身補強舌片（→P.86）
12　製作釦眼，接縫鈕釦（→P.60）

細節說明

衣長設定較短，是希望讀者可以當作外衣使用。於剪接內側使用高科技纖維Cupra布料，使膚觸更加滑順。採用竹編造型仿皮釦與人造皮護肘補丁的鄉村風設計。車縫線使用粗紡支數30支的精紡紗。

材料

哈里斯毛料卡其布＝150cm 寬為1.8m（全尺寸通用）
哈里斯毛料格紋布＝150cm 寬為2m（全尺寸通用）
人工麂皮（護肘・側身補強舌片）＝40×30cm
裡布（裡剪接）＝60×20cm
黏著襯（表上領・表領台・表袖口布・口袋・表袋蓋）＝90cm寬60cm
鈕釦＝直徑15mm10顆（襯衫正面・領台・袖口布・口袋）

完成尺寸表

（單位cm）

	S	M	L	XL	XXL
領圍尺寸	39	40.5	42	43.5	45
衣長	70	72	74	76	78
肩寬	41.6	42.8	44	45.2	46.4
袖長	59.5	61.5	63.5	64.5	65.5
肩袖長	80.3	82.9	85.5	87.1	88.7
胸圍	102	106	110	114	118
腰圍	95	99	103	107	111
下襬圍	98	102	106	110	114
袖口寬	22.5	23	23.5	24	24.5

裁布圖

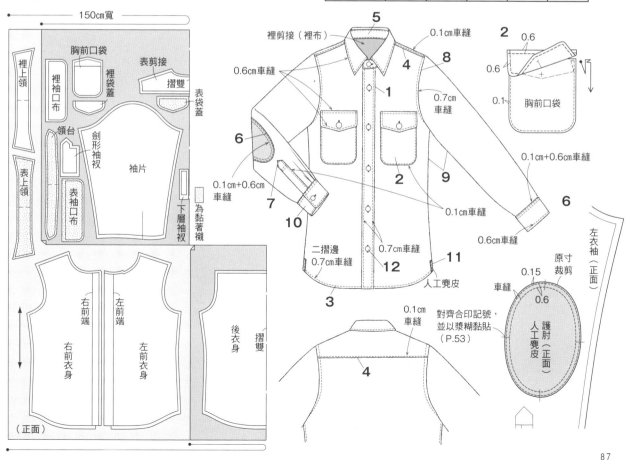

Sewing 縫紉家 29

量身訂作‧有型有款的男子襯衫
休閒‧正式‧軍裝‧工裝襯衫一次學會（暢銷版）

作　者／杉本善英
譯　者／彭小玲
發 行 人／詹慶和
執行編輯／劉蕙寧
編　輯／蔡毓玲‧黃璟安‧陳姿伶
執行美編／陳麗娜
美術編輯／周盈汝‧韓欣恬
內頁排版／造　極
出 版 者／雅書堂文化事業有限公司
發 行 者／雅書堂文化事業有限公司
郵撥帳號／18225950　戶名：雅書堂文化事業有限公司
地　　址／新北市板橋區板新路206號3樓
電　　話／(02)8952-4078
傳　　真／(02)8952-4084
網　　址／www.elegantbooks.com.tw
電子郵件／elegant.books@msa.hinet.net

2021年7月二版一刷　定價 420 元

CASUAL KARA DRESS UP MADE NO MEN'S SHIRT
Copyright © YOSHIHIDE SUGIMOTO 2016
All rights reserved.
Original Japanese edition published in Japan by EDUCATIONAL FOUNDATION
BUNKAGAKUEN BUNKA PUBLISHING BUREAU.
Chinese (in complex character) translation rights arranged with EDUCATIONAL
FOUNDATION BUNKA GAKUEN BUNKA PUBLISHING BUREAU
through KEIO CULTURAL ENTERPRISE CO., LTD.

經銷／易可數位行銷股份有限公司
地址／新北市新店區寶橋路235巷6弄3號5樓
電話／(02)8911-0825
傳真／(02)8911-0801

國家圖書館出版品預行編目(CIP)資料

量身訂作‧有型有款的男子襯衫：休閒‧正式‧
軍裝‧工裝襯衫一次學完/杉本善英著; 彭小玲譯.
- 二版. - 新北市：雅書堂文化, 2021.7
　面；　公分. - (Sewing縫紉家; 29)
ISBN 978-986-302-592-4 (平裝)

1.縫紉 2.衣飾 3.手工藝

426.3　　　　　　　　　　　110011177

承蒙大家給我長達一年的時間，讓我得以完成生平初次嘗試執筆的書籍。
為了此書受邀而來的書籍設計者林小姐、造型師永田先生、攝影師羽田先生、髮型師土筆先生，及非其本行的模特兒們，感謝諸位的鼎力相助。承蒙不同業種的專業人士一同完成了這個集大成的作品，令我感動萬分。
另外，25年來，在我擔任企業設計師時，於業界熟識的布料商、配件商、紙型製圖師，及工廠的師父們，這次二話不說就同意助我一臂之力，承蒙大家的幫忙，深表謝意，你們的力量是我這一生最受用的資產。

杉本善英

1989年進入ONWARD KASHIYAMA的紳士事業本部工作，歷任助理工作，30歲成為23區homme首席設計師、40歲擔任JPRESS首席設計師，於46歲自立門戶。一邊於妻子杉本伸子的休閒品牌HAYAMA SUNDAY共同合作，一邊以大型企業的外包設計師身份活躍於業界。這次藉由出版之勢，推出自己原創的紳士服品牌SUNDAY AND SONS。

Staff
書籍設計　　　林 瑞穗
攝影師　　　　羽田 誠
造型師　　　　永田哲也
髮型師　　　　市川土筆
模特兒　　　　戶田吉則　宮內陽輔　山岸二世　原 晃子
紙型製作　　　G-Primo
紙型繪製　　　上野和博
流程、作法解說　助川睦子
校閱　　　　　向井雅子
編集　　　　　平井典枝（文化出版局）
發行人　　　　大沼 淳

Special Thanks
深美美奈　杉本伸子

提供
ウェルアーチ‧東エコーセン（縫製）
三景‧島田商事（配件）
Shuttle notes‧双日Fashion‧TH-NEXT（布料）

協力
小菱加工（縫製）
有延商店‧柴屋‧鷹岡‧瀧定名古屋（布料）

攝影協力
EASE NY Apartment
EASE PARIS Mansion
AWABEES

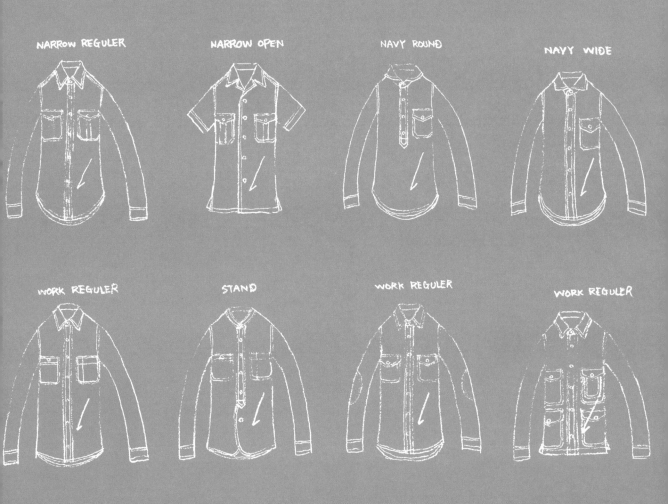

NARROW REGULER

NARROW OPEN

NAVY ROUND

NAVY WIDE

WORK REGULER

STAND

WORK REGULER

WORK REGULER

縫紉家 🪡 Sewing

Happy Sewing
快樂裁縫師

SEWING 縫紉家 01
全圖解裁縫聖經
授權：BOUTIQUE-SHA
定價 1200 元
21×26cm．626 頁．雙色

SEWING 縫紉家 02
手作服基礎班：
畫紙型＆裁布技巧 book
作者：水野佳子
定價 350 元
19×26cm．96 頁．彩色

SEWING 縫紉家 03
手作服基礎班：
口袋製作基礎 book
作者：水野佳子
定價 320 元
19×26cm．72 頁．彩色＋單色

SEWING 縫紉家 04
手作服基礎班：
從零開始的縫紉技巧 book
作者：水野佳子
定價 380 元
19×26cm．132 頁．彩色＋單色

SEWING 縫紉家 05
手作達人縫紉筆記：
手作服這樣作就對了
作者：月居良子
定價 380 元
19×26cm．96 頁．彩色＋單色

SEWING 縫紉家 06
輕鬆學會機縫基本功
作者：栗田佐穗子
定價 380 元
21×26cm．128 頁．彩色＋單色

SEWING 縫紉家 07
Coser 必看の
CosPlay 手作服×道具製作術
授權：日本ヴォーグ社
定價 480 元
21×29.7cm．96 頁．彩色＋單色

SEWING 縫紉家 08
實穿好搭の
自然風洋裝＆長版衫
作者：佐藤ゆうこ
定價 320 元
21×26cm．80 頁．彩色＋單色

SEWING 縫紉家 09
365 日都百搭！穿出線條の
may me 自然風手作服
作者：伊藤みよ
定價 350 元
21×26cm．80 頁．彩色＋單色

SEWING 縫紉家 10
親手作の
簡單優雅款白紗＆晚禮服
授權：Boutique-sha
定價 580 元
21×26cm．88 頁．彩色＋單色

SEWING 縫紉家 11
休閒＆聚會都 ok！穿出 style
の May Me 大人風手作服
作者：伊藤みちよ
定價 350 元
21×26cm．80 頁．彩色＋單色

SEWING 縫紉家 12
Coser 必看の
CosPlay 手作服×道具製作術 &
華麗進階款
授權：日本ヴォーグ社
定價 550 元
21×29.7cm．106 頁．彩色＋單色

SEWING 縫紉家 13
外出＋居家都實穿の
洋裝＆長版上衣
授權：Boutique-sha
定價 350 元
21×26cm．80 頁．彩色＋單色

SEWING 縫紉家 14
I LOVE LIBERTY PRINT
英倫風の手作服＆布小物
授權：實業之日本社
定價 380 元
22×28cm．104 頁．彩色

SEWING 縫紉家 15
Cosplay 超完美製衣術‧
COS 服的基礎手作
授權：日本ヴォーグ社
定價 480 元
21×29.7cm．90 頁．彩色＋單色

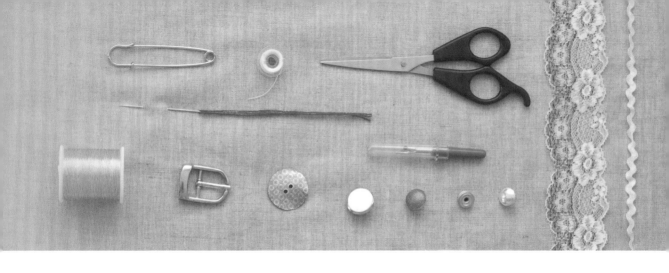

SEWING 縫紉家 16
自然風女子的日常手作衣著
作者：美濃羽まゆみ
定價：380 元
21×26 cm・80 頁・彩色

SEWING 縫紉家 17
無拉鍊設計的一日縫紉：
簡單有型的鬆緊帶褲&裙
授權：BOUTIQUE-SHA
定價：350 元
21×26 cm・80 頁・彩色

SEWING 縫紉家 18
Coser 的手作服華麗挑戰：
自己作的 COS 服 × 道具
授權：日本 Vogue 社
定價：480 元
21×29.7 cm・104 頁・彩色

SEWING 縫紉家 19
專業裁縫師的紙型修正祕訣
作者：土屋郁子
定價：580 元
21×26 cm・152 頁・雙色

SEWING 縫紉家 20
自然簡約派的
大人女子手作服
作者：伊藤みちよ
定價：380 元
21×26 cm・80 頁・彩色＋單色

SEWING 縫紉家 21
在家自學
縫紉の基礎教科書
作者：伊藤みちよ
定價：450 元
19 × 26 cm・112 頁・彩色

SEWING 縫紉家 22
簡單穿就好看！
大人女子の生活感製衣書
作者：伊藤みちよ
定價：380 元
21 × 26 cm・80 頁・彩色

SEWING 縫紉家 23
自己縫製的大人時尚・
29 件簡約俐落手作服
作者：月居良子
定價：380 元
21 × 26 cm・80 頁・彩色

SEWING 縫紉家 24
素材美&個性美・
穿上就有型的亞麻感手作服
作者：大橋利枝子
定價：420 元
19 × 26cm・96 頁・彩色

SEWING 縫紉家 25
女子裁縫師的日常穿搭
授權：BOUTIQUE-SHA
定價：380 元
19 × 26cm・88 頁・彩色

SEWING 縫紉家 26
Coser 手作裁縫師・自己作
Cosplay 手作服&配件
日本 VOGUE 社◎授權
定價：480 元
21 × 29.7cm・90 頁・彩色＋單色

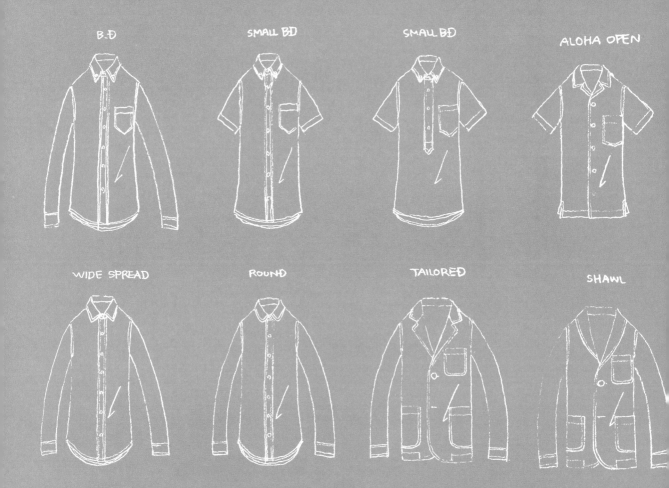